# EPANET et Coopération

## Conception et dimensionnement de réseaux d'eau potable par ordinateur.

Deuxième édition. Révisée et augmentée
Avril 2021

**Santiago Arnalich**

water and habitat

# EPANET et Coopération

**Conception et dimensionnement de réseaux d'eau potable par ordinateur.**

Deuxième édition. Révisée et augmentée
Avril 2021

**Photo de couverture :** Dégâts du tsunami à Meulaboh, Indonésie
Erratum : www.arnalich.com/dwnl/xlipacofr.doc

ISBN : 978-1532996238

**Remerciements** : Juliana Fernandez, Miguel Fernandez Bravo, Héloïse Fernandez et Fabrice Koffi.

# arnalich
water and habitat

*A toute l'équipe de Tanzanie,*
*en particulier à Telesphory et Vincent.*


*A Juliana Fernandez, pour son*
*remarquable travail de traduction.*

# PREFACE

Pour ceux d'entre nous qui sont habitués à ouvrir un robinet et à voir l'eau couler, il peut sembler étrange que nous devions encore publier, réviser et traduire des livres sur les réseaux de distribution d'eau, car il semble si facile d'avoir de l'eau du robinet. Lors de ma première mission en tant qu'ingénieur WASH, j'ai organisé une excursion un dimanche ensoleillé pour expliquer à mes collègues du Comité international de la Croix-Rouge comment fonctionne réellement l'approvisionnement en eau qu'ils utilisent quotidiennement : nous avons visité un bassin versant, suivi la canalisation, une station de pompage, visité une usine de traitement des eaux et un grand réservoir situé sur une colline au-dessus de la ville. Ils m'ont tous dit qu'ils ne savaient pas comment l'eau coulait du robinet jusqu'alors, mais qu'ils se souviendraient de son fonctionnement.

Quelques décennies plus tard, la situation de l'approvisionnement en eau s'est améliorée dans de nombreux endroits, et les acteurs humanitaires osent de plus en plus réparer les infrastructures hydrauliques existantes endommagées par les conflits ou les catastrophes naturelles au lieu de gaspiller de l'énergie et de l'argent dans la construction de coûteux systèmes temporaires d'approvisionnement en eau, comme le transport de l'eau par camion et d'autres solutions typiques de bricolage humanitaire. Mais pour construire, utiliser, réparer ou améliorer un système d'approvisionnement en eau existant, il est crucial de comprendre son comportement, et les calculs hydrauliques sont indispensables pour éviter de passer du temps et de l'argent à construire un système dans lequel l'eau ne peut pas concurrencer les forces de gravité ou de friction ! Sinon, le miracle de l'eau qui coule du robinet n'aurait tout simplement pas lieu... Santiago Arnalich a décidé qu'EPANET, un logiciel gratuit développé par l'Agence américaine de protection de l'environnement, rend potentiellement les calculs hydrauliques accessibles à tout ingénieur s'il bénéficie d'une bonne introduction au sujet. Ce n'est qu'un livre parmi sa série de manuels techniques qui permet aux ingénieurs WASH de cartographier le site sur lequel ils ont l'intention d'intervenir, de concevoir et de calculer des systèmes alimentés par gravité, d'équiper un forage, de choisir le bon type et ensuite d'entretenir les générateurs ou de concevoir un système de distribution d'eau d'où l'eau s'écoulera.

Avec le changement climatique qui affecte de plus en plus le cycle de l'eau, les investissements dans de bonnes infrastructures telles que la distribution centralisée de l'eau restent un moyen très efficace de fournir la première nourriture de l'humanité, qui est ... l'eau. Mais il est également nécessaire de gérer plus soigneusement les ressources en eau pour éviter le gaspillage d'eau ou d'énergie. Cela ne peut se faire qu'en complétant un système de distribution d'eau par un système adéquat de surveillance des ressources en eau. Des mesures à long terme du rendement des sources ou du niveau statique des eaux souterraines sont nécessaires pour évaluer les tendances de l'évolution des ressources en eau. D'autre part, les mesures des quantités d'eau injectées dans le réseau et l'évaluation précise des pertes d'eau permettent de procéder à des réparations rapides dès que les niveaux critiques de pertes d'eau sont atteints. Les capteurs et les compteurs d'eau installés aux points critiques d'un système d'approvisionnement en eau permettent aujourd'hui une surveillance constante de son comportement et des interventions précoces soit au niveau des ressources en eau (par exemple en réduisant les heures de pompage si la nappe phréatique baisse), soit dans la gestion du réseau de distribution (par exemple en ne distribuant l'eau que quelques heures par jour ou en réduisant la pression globale jusqu'à ce que les réparations visant à réduire les pertes d'eau soient finalisées).

Si nous voulons que le miracle de l'eau qui coule au robinet dure encore de nombreuses années, nous devrons intégrer la gestion du réseau de distribution d'eau dans une perspective plus large englobant la gestion intégrée des ressources en eau de la source à l'utilisateur final. Une fois que l'eau est utilisée (ce qui se produit souvent à quelques décimètres du robinet où elle s'est écoulée proprement et sans danger), les eaux usées doivent alors être collectées et traitées afin de pouvoir être recyclées dans le cycle global de l'eau.

Avec son livre, Santiago Arnalich ouvre la voie à une meilleure conception des réseaux d'approvisionnement en eau, ce qui permettra d'économiser de l'argent, du temps et de l'énergie. Nous sommes fiers d'être associés à une entreprise aussi noble et espérons que ce livre contribuera à maintenir l'eau en mouvement.

Marc-André Bünzli
Conseiller thématique WASH humanitaire
Direction pour le développement et la coopération
Département fédéral des affaires étrangères

# Sommaire

CHAPITRE 1

# Introduction

## Quelques éléments importants avant de commencer

• Ce manuel est le résultat d'une vision personnelle. Rien n'est absolu. Beaucoup de décisions durant la conception d'un réseau échappe à une perspective strictement rationnelle. Conservez une vision critique et gardez à l'esprit que ce que je vous présente ici n'est pas « la manière » de concevoir un réseau, mais une approche de plus.

• Il se veut autonome. Vous y trouverez presque tout ce dont vous avez besoin et il manque beaucoup de choses dont vous n'aurez pas besoin, comme des explications trop méticuleuses ou une rigueur superflue.

• Il a été pensé pour être appliqué dans des projets de Coopération au Développement. De par les spécificités inhérentes à ce contexte, beaucoup des composantes et procédures essentielles dans les projets des pays développés perdent ici leur sens.

• Il se limite à la conception d'un réseau. L'analyse des réseaux existants est pour sa part plus complexe et requiert généralement des techniques et des approches plus élaborées. Par exemple, les modèles une fois construits doivent être calés.

• Pour un logiciel, 6 mois est une éternité. Certaines des procédures décrites ici auront été améliorées et de nouveaux logiciels et outils permettant de faire la même chose plus facilement apparaîtront. Cependant, EPANET s'apprend et se réapprend au fur et à mesure des besoins de chacun. Il est rare en Coopération qu'une personne travaille sur EPANET à temps plein et durant une large période. Ce manuel ne se prétend donc pas de dernière génération mais un outil auquel vous pourrez vous référer à chaque fois que vous en ressentez le besoin.

• Ce livre est orienté vers les réseaux d'une taille minimum ou bien ceux étant destiné à fonctionner tous robinets ouverts comme c'est le cas, par exemple, d'un camp de réfugiés ou celui d'un petit réseau rural. L'approche de coefficient utilisée ici n'est pas adaptée pour les réseaux de très petite taille ou les installations intérieures. Pour éviter certains problèmes (extensions futures, incendies, etc.), il est préférable de ne pas installer de tuyaux inférieurs à 63-75 mm, exception faite des raccordements de maison. Sachez qu'EPANET ne peut pas appliquer directement les coefficients de simultanéité sinon l'équilibre des masses ne serait pas atteint.

https://youtu.be/Jt6nGTZ5CgE      (Design flow)

● Personne n'étant parfait, si vous relevez des erreurs, je vous serais très reconnaissant de m'en informer à l'adresse suivante : publicaciones@arnalich.com

## Conception de réseaux et analyse de réseaux existants

Ce manuel n'aborde que la conception de nouveaux réseaux isolés. C'est un premier pas vers l'analyse de réseaux existants, plus complexe. Bien qu'a priori, la conception puisse paraître plus intimidante, les réseaux préexistants présentent les difficultés supplémentaires suivantes :

1.  Des problèmes de **fiabilité des données**. Dans les contextes de Coopération, il est difficile de trouver des plans des réseaux existants, les informations ne sont généralement pas actualisées et les changements réalisés ne sont consignés que dans la mémoire de certains ouvriers. Dans un nouveau réseau, les données sont fiables à 100 %.

2.  **La localisation et l'importance de chaque fuite** est méconnue. Le nouveau réseau sera lui testé sous pression quand il sera semi-enterré, révélant ainsi la présence des fuites.

3.  **Le diamètre et la rugosité des tuyaux ont été altérés** par le dépôt de sels, calcaires et oxydes, qui peuvent augmenter fortement la résistance au flux.

4.  Généralement, **l'état de fonctionnement d'un réseau** (valve détériorée ou colmatée en position intermédiaire) est lui aussi méconnu.

De ce fait, après la construction d'un premier modèle avec EPANET, il est nécessaire de le **caler**, c'est-à-dire, de comparer les mesures prises sur le terrain avec les valeurs du logiciel, et ce, jusqu'à ce que l'on puisse reproduire correctement la réalité. Ce processus est coûteux, laborieux, compliqué, et fréquemment, il demande un matériel cher et spécialisé.

# Quand est-il pertinent de construire un réseau d'eau ?

Les réseaux sont coûteux et requièrent une capacité d'organisation considérable, une infrastructure basique et possèdent des composants très chers qui, s'ils sont mal entretenus, seront difficiles à remplacer. Cependant, quand les conditions sont réunies, aucune intervention n'est capable de fournir une telle quantité d'eau pour un coût aussi bas. Les conditions à réunir sont les suivantes:

1.  **La population est concentrée** ou bien possède la capacité de le faire de par sa situation dans une zone d'occupation nouvelle. La concentration de la population permet de diminuer le rapport de kilomètre de tuyauterie installée par habitant concerné, ce qui diminue le coût de l'intervention. Il est plus raisonnable d'installer 200 mètres de tuyaux dans un noyau urbain que de faire un nouveau forage. A titre indicatif, un puits peut coûter environ 300 €/m, un forage environ 200 €/m et un tuyau de PVC de 100 mm environ 20 €/m. Pour vous donner un ordre d'idées, en Espagne, dans les zones urbanisées, le rapport avoisine les 2 km de canalisation pour mille habitants.

2.  **La population possède une cohésion sociale suffisante**, des institutions locales aptes à prendre en charge la gestion du réseau et une structure qui favorise sa responsabilisation. Les nomades ne sont pas de bons candidats. Généralement, personne ne se sent « propriétaire » du système qui peut se convertir en une source de revenus via le pillage. Au contraire, un camp de réfugiés avec un important soutien international et des responsables clairement identifiés est un lieu a priori idéal pour implanter un réseau.

3.  **La source de l'eau peut être exploitée durablement.** La création d'un réseau, en diminuant les facteurs limitant la consommation d'eau (le transport notamment), favorise cette dernière. La source doit être capable d'absorber une augmentation de la demande. Un réseau alimenté par une source ou un aquifère montrant des signes évidents de surexploitation n'est pas, a priori, un choix pertinent.

4.  **Le réseau ne doit pas générer des problèmes environnementaux**, notamment des problèmes d'eaux stagnantes. L'eau exploitée et transportée par un réseau doit pouvoir être évacuée. En l'absence d'un système de drainage des eaux usées, si le relief est plat et les sols imperméables, un réseau peut apporter plus de problèmes que de solutions.

5.  **Topographie favorable**. Sans pour autant être un motif d'exclusion, les reliefs très plats compliquent la construction et le fonctionnement d'un réseau tout en

augmentant sensiblement son coût. S'il n'est pas possible de construire des châteaux d'eau adéquats, le pompage pour permettre l'évacuation des eaux usées peut devenir permanent. De plus, les tuyaux ne se nettoyant pas tous seuls, leur diamètre diminue avec l'amoncellement de dépôt et l'accumulation d'air piégé dans la multitude de petits hauts et bas qui se forment lors de la pose de canalisations sur les terrains très plats :

Un réseau est donc une bonne option dans les zones où un système gravitaire peut être mis en place, que ce soit grâce à la présence d'une source en hauteur ou d'un bon emplacement pour installer un réservoir.

## Pourquoi modéliser un réseau ?

Il a fallu attendre 1936 pour que soit créé un appareil mathématique capable de calculer des réseaux maillés, et seulement quelques secondes à mon ordinateur pour calculer le réseau de la ville de Taetan (40.000 personnes). Malgré cela, l'image du réseau qui fonctionne quasiment par lui-même et qui peut être conçu à vue d'œil ou grâce à trois recettes de cuisine obsolètes, perdure.

La prolifération de personnes qui affirment sans sourciller qu'elles sont capables de calculer un réseau de tête est franchement exaspérante. Il n'est alors pas surprenant de constater que tant de réseaux finissent par ne jamais fonctionner, malgré l'émulation de cerveaux « experts » et l'engagement actif de bailleurs sur plusieurs années.

**Si vous planifiez un réseau à vue de nez, vous êtes en train de soumettre la santé, le bien-être et le développement économique d'une communauté au hasard.**

En outre, les réseaux qui n'ont pas fait l'objet de calculs préalables présentent généralement les insuffisances suivantes :

1.  Ils **méprisent le travail et l'effort des communautés** appelées à participer.

2.  Ils sont **dangereux.** La vidange ou le remplissage des tuyaux par manque de pression favorise l'aspiration d'agents pathogènes à l'intérieur, et par là même, la propagation des maladies.

3. ils sont **coûteux à entretenir** . Les réseaux dépressurisés se remplissent d'air. A mesure qu'ils se remplissent d'eau, l'air doit en être évacué. Cette purge doit se faire de manière extrêmement minutieuse pour éviter les coups de bélier qui détériorent les tuyaux et génèrent des fuites. Certaines études, dans les pays en développement où les coupures d'eau sont fréquentes, montrent que les tuyaux qui sont remplis et vidés à chaque coupure se cassent jusqu'à 10 fois plus qu'espéré[1].

4. Ils sont **rarement extensibles**. Le manque d'objectifs clairs au moment de la conception et les improvisations compliquent l'agrandissement d'un réseau construit sans critères précis.

5. Ils sont **antiéconomiques**. Ils n'utilisent pas convenablement les ressources disponibles, que ce soit parce qu'ils sont surdimensionnés ou parce que leur fonctionnement est onéreux. Une mesure classique pour « remédier » aux réseaux avec des problèmes de pression est de relever le réservoir auprès duquel il est alimenté. Au final, afin de pouvoir relever plusieurs milliers de tonnes d'eau à plusieurs mètres pour compenser un manque de pression, la consommation d'énergie s'envole. Pire encore, ils font perdre du temps aux personnes qui les utilisent, gaspillant leur productivité par des attentes inutiles et intempestives.

6. **Ils violent les droits de l'homme**. Ils obligent les utilisateurs à s'adapter au réseau, plutôt que l'inverse. Ainsi, une grande partie des bénéfices sociaux sont perdus même s'ils fournissent de l'eau. Par exemple, les enfants finissent par manquer l'école pour aller chercher de l'eau tôt le matin, et comme les filles sont souvent choisies pour cette tâche dans leur famille, leur école ou leur communauté, un écart important entre les sexes est créé.

Dans les projets de coopération sur l'eau, étant donné que  les professionnels doivent couvrir des domaines très larges et porter des chapeaux différents (ingénieur, anthropologue, hydrogéologue, sociologue, évaluateur...), il est inévitable que l'on sache peu de choses dans un domaine particulier. **Assurez-vous de ne pas être pris en étau par l'effet Dunning-Kruger**. Il s'agit d'un biais cognitif dans lequel les personnes peu capables d'accomplir une tâche surestiment ostensiblement leur capacité. **Si vous ne pouvez pas faire le calcul, externalisez-y !**, Mais ne l'écartez pas avec trois idées simples. Les réseaux doivent être correctement calculés. **Si vous supervisez les projets d'autres personnes, exigez les calculs !** Beaucoup d'argent aurait été économisé sur des interventions ratées si les donateurs avaient intégré cela dans leurs règles.

---

[1] *Lambert, A., Myers, S. and Trow, S. (1998) Managing Water Leakage: Economic and technical issues. Financial Times Energy.*

D'autre part, avec des conseils, un peu de patience et de temps, ce n'est pas une tâche particulièrement difficile, il n'y a donc pas lieu de paniquer non plus.

## S'adapter au contexte

Il y a déjà beaucoup de manuels sur les réseaux d'adduction d'eau et un de plus n'est peut-être pas nécessaire. Alors, pourquoi écrire celui-ci ?

**Parce que les projets de Coopération ne sont pas des projets comme ceux des pays développés.**

Prenons deux cas :

Les réseaux des pays développés sont conçus au vu de trois objectifs. Tout d'abord, ils doivent être fonctionnels d'un point de vue hydraulique. C'est-à-dire qu'ils doivent être capables de faire face à la demande en eau. Ensuite, ils doivent alimenter la population avec une eau de haute qualité. Enfin, ils doivent être résistants aux ruptures, défaillances, pannes, etc. Ce dernier point requiert un investissement considérable, avec entre autres frais, l'installation de réservoirs et de tuyauteries supplémentaires. Quand les besoins pour les vaccinations, l'éducation ou le chômage frappent une population, cela a-t-il vraiment un sens que le réseau d'eau soit à l'épreuve des pannes électriques ? Si vous avez encore des doutes, observez les conséquences d'une coupure d'eau durant quelques heures et comparez-les avec celles de ne pas avoir vacciné des enfants contre la Polio.

Un autre cas intéressant est celui de la demande en cas d'incendie, c'est-à-dire, le débit et le stockage d'eau nécessaire pour faire face à un incendie. Dans les réseaux des pays développés, ce débit est généralement supérieur à la consommation des habitants et c'est pourquoi on installe des tuyaux et des réservoirs plus grands que ceux nécessaires pour couvrir la demande habituelle. Beaucoup de pays en développement ont adopté la normative européenne en la matière. Cependant, est-ce que surdimensionner un réseau pour fournir un débit de 32 l/s dans un point donné et avoir des réservoirs de 230 m$^3$ a réellement un sens quand les moyens de lutte contre les incendies sont limités aux seaux réunis par les voisins? Ne serait-il pas mieux d'utiliser ces, disons 100 000 €, pour subventionner la création de microentreprises ?

Tous ces éléments contribuent au fait que les décisions à prendre soient difficiles et délicates. Pour prendre ces mêmes décisions, **il est peu utile de se réfugier dans la rigueur des manuels occidentaux.**

# Introduction à la conception de réseaux d'eau

Concevoir un réseau c'est définir la forme qu'il va prendre au travers de calculs qui permettront de garantir que ce dernier fonctionnera correctement. Dans le contexte de la Coopération au Développement, il existe quatre paramètres principaux liés au fonctionnement à prendre en compte (pour plus de détails, voir le chapitre 7) :

- **La pression,** qui garantit que les bénéficiaires disposeront d'eau en tout point du réseau.

- **La vitesse** dans les tuyaux, qui permet de déterminer que le réseau conçu n'est ni trop grand et trop cher à construire (vitesses basses), ni trop petit et trop cher à faire fonctionner (vitesses élevées).

- **Le temps de séjour** de l'eau dans un réseau. Si l'eau stagne trop longtemps dans les tuyaux, sa qualité s'en ressentira.

- **La concentration en chlore,** qui garantit la potabilité de l'eau en veillant à ce que son goût ne soit pas dissuasif pour les usagers.

Dans une situation donnée, il existe une infinité de solutions pour alimenter en eau une population. Beaucoup d'entre elles sont viables et raisonnables au vu des paramètres que nous venons d'exposer. Considérez, par exemple, les deux tracés de connexion des points de consommation « • » au réservoir « ☐ » :

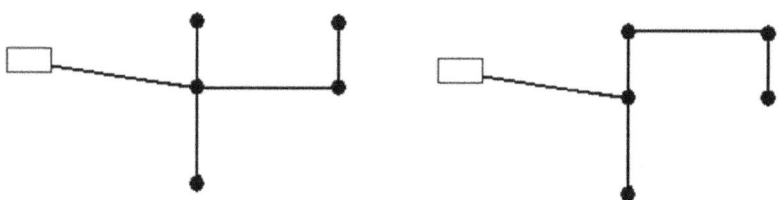

Pour choisir entre ces deux tracés, on s'appuie communément sur un autre paramètre, principalement économique. Il s'agit simplement de choisir la solution la moins chère, non seulement à construire, mais également à exploiter. L'étude de l'amortissement entre investissement initial et coût de fonctionnement d'un réseau est détaillée au Chapitre 8.

Néanmoins, le critère économique n'est pas l'unique critère à prendre en compte. Une petite explication s'impose…

Il y a deux types de tracé pour un réseau. Dans un réseau arborescent, les tuyaux sont assemblés d'une manière similaire aux branches d'un arbre. Ce type de tracé requiert beaucoup moins de longueur de tuyaux. Un des principaux avantages est donc l'économie réalisée. Les inconvénients sont liés notamment aux problèmes de qualité provoqués par la stagnation de l'eau à l'intérieur du réseau et au manque de fiabilité de ce dernier, dû au fait que l'eau ne peut arriver à un point donné que par un seul chemin. Pour les dépasser, on utilise un tracé maillé ou une structure en nid d'abeilles, qui, bien que plus fiables et salubres, sont également plus chers. Sur le schéma suivant, vous pouvez observer la transformation d'un réseau arborescent en réseau maillé grâce à l'installation du tuyau « t » pour fermer la boucle.

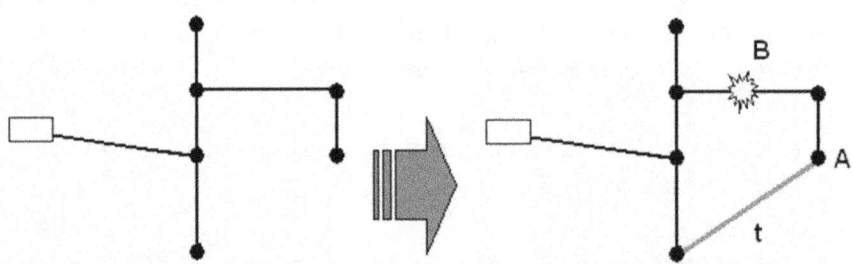

En rajoutant le tuyau « t », en bleu, le point A peut-être approvisionné autant par le nord que par le sud, de telle manière qu'une rupture au niveau du point B ne provoquera pas d'interruption de service au niveau du point A.

Pour en revenir à la question de la recherche du réseau le moins cher, il est clair qu'essayer de le faire à partir d'un réseau maillé est une contradiction dans les termes, car cela aboutit toujours à des réseaux ramifiés. Et pourtant, la tendance est clairement de faire des réseaux maillés ! En effet, outre le critère économique, il existe d'autres critères très importants dans le domaine de la coopération, par exemple :

- **La robustesse**, surtout lorsque le matériel est coûteux et non disponible rapidement, les populations sont inexpérimentées car c'est la première fois qu'elles disposent d'un réseau et le personnel est nouveau.

- **L'adaptabilité** : Les réseaux ramifiés ne permettent pas de modifications ou d'extensions majeures ; il est plus difficile de les adapter pour suivre l'évolution de la population.

- **La rareté et la fiabilité des données** recommandent les réseaux maillés, car les réseaux ramifiés nécessitent une connaissance précise de la quantité d'eau consommée et des lieux, ce qui n'est souvent pas disponible ou fiable.

Le processus de conception comporte deux phases bien définies :

1.  **La mise en place du réseau**. Ses éléments sont dessinés dans l'espace, c'est-à-dire que le tracé du réseau est dessiné sur une carte et les données y sont ajoutées. Il existe des limites pratiques aux mises en place possibles. Nous essayons de rendre les tuyaux et les éléments accessibles et choisissons généralement de les placer parallèlement aux rues, aux limites des parcelles, etc.

2.  **Dimensionnement des éléments**, c'est-à-dire détermination de leur taille et de leurs propriétés. Le tuyau 32 mm sera de 200 mm, la vanne 3 sera une porte et aura un diamètre de 50 mm, le réservoir de la colline de 40 m3 ... Pour cela, il est testé dans le pire des scénarios, en supposant que s'il fonctionne dans le scénario le plus défavorable, il fonctionnera sans problème dans le reste des cas. En d'autres termes, si le tuyau de 200 mm peut transporter un débit de 30 l/s d'eau, il pourra également en transporter 5 l/s.

C'est là qu'EPANET entre en jeu. Ce programme vous permet de déterminer quels modèles se comporteront correctement dans le pire des cas sans avoir recours à des calculs herculéens. Votre tâche se réduit alors à trouver lequel est le moins cher d'entre eux en tenant compte des aspects déjà mentionnés.

3.  **Répétez le dimensionnement plusieurs fois** en essayant différentes stratégies qui aboutissent à des solutions valables.

4.  **Analyse comparative**. Faites une analyse comparative des différents modèles pour trouver celui qui est le moins cher, qui est robuste et pratique. Il n'est pas nécessaire de disposer d'un budget détaillé, il suffit d'établir les coûts par mètre linéaire pour les différents diamètres (tuyaux et excavations) et d'obtenir un total approximatif pour chaque tentative.

CHAPITRE 2

# Penser service, pas infrastructure

## Pourquoi des projets dans le domaine de l'eau ?

La réponse est évidente : **pour améliorer les conditions de vie des personnes**.

'Peut-être que vous vous attendiez' à une réponse peu élaborée du type "pour que les gens puissent boire" ou à une technique "pour obtenir un débit de pointe de 28 l/s avec une pression minimale de 1,5 kgf/cm$^2$"......

**Eaux stagnantes provenant de la fuite d'un robinet, Kaboul. Afghanistan**

Ces 28 l/s peuvent être un objectif très noble, et cependant créer des flaques d'eau que l'on n'arrive pas à évacuer à une vitesse suffisante. Le résultat obtenu est une dégradation des conditions de vie tellement évidente que même les enfants secouent leur tête en se demandant ce qui a bien pu se passer. Le quotidien de la Coopération nous fait souvent perdre de vue cet objectif et nous finissons par réaliser des projets pour justifier des activités, respecter des échéances ou ne pas perdre une subvention.

Il ne faut pas oublier que, de la même manière que les conditions de vie peuvent s'améliorer substantiellement, **les projets dans le secteur de l'eau peuvent finalement porter atteinte aux communautés.** Ce n'est ni une course, ni un travail à réaliser à vue de nez ni techniquement ni socialement. Faites particulièrement attention au **risque de conflit entre communautés** ou groupes sociaux à cause de l'accès à la source d'eau, au tracé des canalisations, etc.

## Les conséquences du manque d'accès à l'eau

L'idée n'est pas nouvelle. Déjà, en 1875, le maire de Birmingham, Joseph Chamberlain, affirmait que la perte de salaires, de vie ou de santé coûtaient chaque année 54 000 livres à la ville.

Certaines organisations ont essayé de donner des chiffres à quelque chose d'aussi aléatoire que le manque d'accès à l'eau et à l'assainissement. Ces chiffres sont très discutables mais les tendances sont claires. En voici quelques-unes:

- **SANTE :** « L'eau est la cause de 80 % des morts et des maladies dans les pays du Tiers-Monde »[1].

- **ECONOMIE :** « Les bénéfices des programmes d'eau et d'assainissement restituent entre 3 et 34 dollars pour chaque dollar investi »[2].

- **TEMPS :** « Le temps économisé en Tanzanie suppose une augmentation de la production agricole de 10 % »[3].

Cette dernière référence, « *Everyone's a winner? Economic valuation of water projects* », de Wateraid, est particulièrement intéressante.

Quelques statistiques pour réfléchir :
- La deuxième cause de mortalité infantile est la diarrhée[4].

---

[1]Secrétaire Général des Nations-Unies, Kofi Annan, Journée Mondiale de l'Environnement, 5 Juin 2003.
[2]Hutton G. & Haller L. The Costs and Benefits of Water and Sanitation Improvements at the Global Level (OMS 2004).
[3]WaterAid (2004) 'Everyone's a Winner? Economic valuation of water projects' WaterAid, Londres.
[4] World Health Organization and Harvard University, 1996. "Global Burden of Disease."

- Selon l'OMS, **80 % des maladies dans le monde peuvent être attribuées à un mauvais accès à l'eau et à l'assainissement**[1].

- Selon l'OMS, **aucune autre mesure n'a autant d'impact sur le développement national et la santé publique** que celles concernant l'eau et l'assainissement[2].

## Le droit de l'homme à l'eau et à l'assainissement

Le 28 juillet 2010, l'Assemblée générale des Nations unies a déclaré que l'accès à l'eau et à l'assainissement est un droit de l'homme fondamental pour la réalisation de tous les autres droits de l'homme (résolution A/RES/64/292).

Il est important de comprendre que ce n'est pas le premier paragraphe typique d'une introduction apathique d'événements et de dates. La déclaration a constitué un prodigieux pas en avant pour l'humanité et a donné un élan très important au secteur. Elle lui a conféré une pertinence inimaginable dans l'agenda international, de nombreux pays l'ayant incorporée dans leur législation nationale. L'accès à l'eau et à l'assainissement est un droit légal pour les personnes et non pas un quelconque service que vous pouvez, si vous pouvez vous le permettre, acheter sur le marché Cela a fait de nous des professionnels qui veillent sur les droits de l'homme !

Pour que ce droit devienne réalité, il doit répondre à une série d'exigences. L'eau doit être :

1. Suffisante et continue : l'OMS recommande entre 50 et 100 litres par personne et par jour.

2. Sûre, non seulement en raison de l'absence de micro-organismes, d'agents chimiques, etc. mais aussi de son emplacement et de son accès

3. Acceptable, en termes de goût, d'odeur et de couleur, mais aussi culturellement et de manière non discriminatoire.

4. Abordable, ne représentant pas plus de 5 % du revenu familial.

5. Accessible physiquement à tous, y compris aux personnes handicapées. L'OMS fixe la distance maximale à 1000 m et le temps de collecte à 30 minutes.

---

[1] *"Battling Waterborne Ills in a Sea of 950 Million", The Washington Post, 17 de Febrero de 1997.*
[2] *OMS, factsheet 112 Water and sanitation.*

C'est avec ce dernier critère que je pense humblement qu'on a peut-être manqué d'ambition. Il est irréaliste de penser que sont collectés 50 litres par personne, et encore moins 100 litres, pour une famille de 6 personnes à 1 km de distance, sans parler des personnes âgées ou handicapées.  La raison est discutée ci-dessous et expliquée dans cette vidéo :

 https://youtu.be/Vq2c3P30FSA          (Base demand)

## Penser « service »

L'objectif concret d'un projet dans le domaine de l'eau est **d'offrir un service** grâce à une infrastructure. Fréquemment, **c'est l'infrastructure qui finit par accaparer toute l'attention**.

Le défi est un changement de mentalité, passer de la construction d'une infrastructure à la notion de service aux usagers. Si la quantité de chlore, la distance à parcourir ou une consommation excessive de savon à cause de la dureté de l'eau font que la population préfère consommer des eaux stagnantes, le système n'a pas réussi à atteindre ses objectifs en termes d'amélioration de la santé, indépendamment de son bon fonctionnement hydraulique. Le défi est de mettre en avant l'offre d'un service :

**De l'infrastructure...**

**...au service**

## Participation des utilisateurs

Si dans les pays à revenu élevé cette participation n'est pas courante à l'heure actuelle, le niveau des services, le tissu social et juridique, l'existence de mécanismes de plainte et une planification détaillée ne la rendent pas aussi décisive que dans les pays à faible revenu.

Les utilisateurs doivent pouvoir participer à l'évaluation, la planification, la conception, la surveillance et la maintenance des systèmes. Cette participation est essentielle pour éviter les conflits, assurer l'inclusion de tous les groupes, adapter les infrastructures à la culture et aux coutumes locales, répondre aux préoccupations des utilisateurs, développer un sentiment d'appartenance et créer des attitudes appropriées en matière de maintenance. Un pourcentage important de systèmes sont sujets au sabotage, au vandalisme et au vol. Le processus de conception implique souvent la négociation et la résolution de conflits ainsi que la création de mécanismes pour recueillir les plaintes et les objections des utilisateurs.

Dans les réseaux d'eau, la chose la plus simple est la conception et le calcul. C'est dans la partie sociale que résident toute la complexité et l'incertitude ! J'aimerais qu'il y ait un manuel qui structure la partie sociale comme celui-ci le fait avec la technique. En l'absence d'un tel manuel, la participation des utilisateurs est la meilleure garantie de viabilité du système.

## Montrez vos chiffres !

Évitez aussi le contraire, à savoir que le social est la seule chose qui compte et que des techniciens compétents ne participent pas. Si le calcul est facile, il est impardonnable que les bénéfices d'un réseau d'eau qui a été socialement travaillé de manière impeccable soient perdus parce que simplement... il ne fonctionne pas. Que de fonds, de réputation, d'enthousiasme, d'impact social et de confiance sont perdus chaque année à cause de cela.

Si vous êtes un technicien, montrez vos chiffres !
Si vous êtes gestionnaire, externalisez et montrez les calculs !
Si vous êtes superviseur, qu'on vous montre les calculs !
Si vous êtes un donateur, demandez les calculs !

Même si vous ne comprenez absolument rien et que vous ne faites que les classer, **il est essentiel de créer une culture où les calculs sont considérés comme allant de**

**soi et de créer la pression nécessaire pour qu'ils existent réellement**. Les donateurs pourraient jouer un rôle majeur à cet égard s'ils prenaient conscience du gaspillage de ressources qu'impliquent les interventions à vue d'œil.

Dans le cycle de coopération, les donateurs ne demandent pas de documents avec des calculs dans les appels de propositions, très peu d'ONG ont un département de l'eau. Les professionnels qui sont engagés n'ont généralement pas de compétences en calcul car d'autres compétences sont également requises y localement ces compétences ne sont souvent pas présentes non plus car les personnes qui les possèdent préfèrent travailler dans d'autres industries ou les institutions ont besoin de renforcer leurs capacités. En fin de compte, les calculs sont souvent laissés de côté ou la qualité et le niveau de détail ne les rendent pas très utiles.

Si vous comparez un document de projet dans le cadre de la coopération, avec celui d'un pays riche, la différence est évidente. Il est tout simplement incompréhensible qu'il n'y ait pas de calculs.

# CHAPITRE 3

# Démarrer avec EPANET

## EPANET comme outil de responsabilisation

Un schéma, ou modèle, est une construction qui permet de reproduire le comportement d'un réseau afin de pouvoir réaliser différents essais et anticiper les solutions. Dans le cas du logiciel EPANET, cette construction n'est pas une maquette mais une représentation mathématique des relations entre les différents composants du réseau. Son utilité pratique réside dans le fait qu'il permet de tester « ce qui se passerait si... » sans un grand investissement de temps ou d'argent.

EPANET offre également d'autres avantages importants parmi lesquels :

- Il **évite aux bénéficiaires de devenir des otages** de nos propres essais.
- Il évite les conflits avec la population locale ou avec les autorités du pays.
- Il permet d'améliorer la solidité du réseau en évitant d'interminables installations et désinstallations.

Alors pourquoi recoure-t-on si peu à la modélisation de réseaux ? La complexité des calculs nécessaires est décourageante. Heureusement, en apprenant à utiliser ce logiciel qui réalisera tous les calculs à votre place, il vous sera possible de vous concentrer sur la prise de décisions. J'explique plus loin l'intérêt d'utiliser EPANET comme un logiciel de calcul.

Un des grands apports d'EPANET au secteur de la Coopération au Développement est de **permettre, à des personnes sans grande connaissance en mécanique des fluides, de prendre des décisions informées à propos des réseaux dont elles sont responsables**.

Vu comme ça, ce n'est pas forcément très encourageant, et pourrait même s'avérer indésirable, cependant, aussi bien sur le terrain qu'entre les expatriés, il est très difficile de trouver des personnes aptes à calculer des réseaux bien réels. Ces réseaux finissent souvent entre les mains de jeunes diplômés dans des secteurs qui n'ont que peu, voire pas du tout, de liens avec ces thématiques, ou bien par du personnel local qui n'a pas eu accès à une formation solide en la matière. Fréquemment, les personnes qui, au niveau local, disposent des capacités de calcul nécessaires, n'ont pas envie de vivre dans une région isolée, privilégiant l'éducation de leurs enfants, des postes plus stimulants ou de meilleures conditions de vie. Dans tous les cas, il n'y en a pas un nombre suffisant.

En conséquence, on entreprend des projets sans fondement et basés sur des critères douteux. Les résultats finissent par être mauvais. Dans le cas de réseaux préexistants auprès de populations de peu de ressources, le cannibalisme commence. Des pans du réseau seront désinstallés pour être installés à nouveau autre part, en suivant les élans du cœur et des inspirations peu fondés.

Selon moi, il faudrait privilégier une approche plus pragmatique. La persistance à supposer que les « Agences de développement » ont la capacité de calcul suffisante, et successivement, de supposer qu'elle existe localement, finit par donner de maigres résultats. Ne serait-il pas mieux de fournir des outils à ces mêmes personnes en charge du réseau au lieu fuir en avant ?

L'objectif primordial de ce manuel est de faciliter cette responsabilisation. La première édition a été utilisée également par de nombreux étudiants en ingénierie dans le monde entier. Si vous êtes l'un d'entre eux, bienvenu à bord, j'espère que vous le trouverez également utile.

# Présentation d'EPANET

EPANET est un logiciel de calcul de réseaux diffusé par l'Agence Nord-Américaine de l'Environnement, l'EPA, facile d'utilisation, doté d'une interface visuelle et d'un fonctionnement intuitif. Comme vous pouvez le voir  dans l'image de la page suivante, il n'est pas si intimidant.

EPANET est actuellement en version 2.2, avec une version 3.0 en cours de développement depuis un certain temps. Le développement du programme, qui était bloqué à la version 2.00.12, a été converti en source ouverte et est à la  charge de quelques volontaires. Les changements concernent principalement le moteur de calcul et non pas les fonctionnalités du système (comme finalement l'implémentation d'un bouton d'annulation ou d'intégration avec d'autres programmes tels qu'AUTOCAD qui sont réalisés avec des applications tierces).

D'une certaine manière, du point de vue de l'utilisateur, Epanet est figé dans le temps. Son développement a été arrêté en justice par les entreprises qui utilisent son moteur de calcul, invoquant la concurrence déloyale d'une entité publique. Cela peut donner l'impression qu'il est dépassé et que son utilisation est plus académique qu'autre chose. Rien n'est plus éloigné de la vérité. **Epanet est le standard de facto dans le secteur**, utilisé dans les programmes de calculs des tiers ainsi que pour concevoir les investissements d'infrastructures hydrauliques d'une valeur de plusieurs milliards de dollars.

EPANET a été traduit en anglais, espagnol, français, portugais, russe et coréen. La plupart de ces versions sont antérieures à la version 2.2, mais leur utilisation ne pose aucun problème. Je les ai moi-même utilisées au cours des 20 dernières années pour concevoir des systèmes destinés à des millions de personnes.

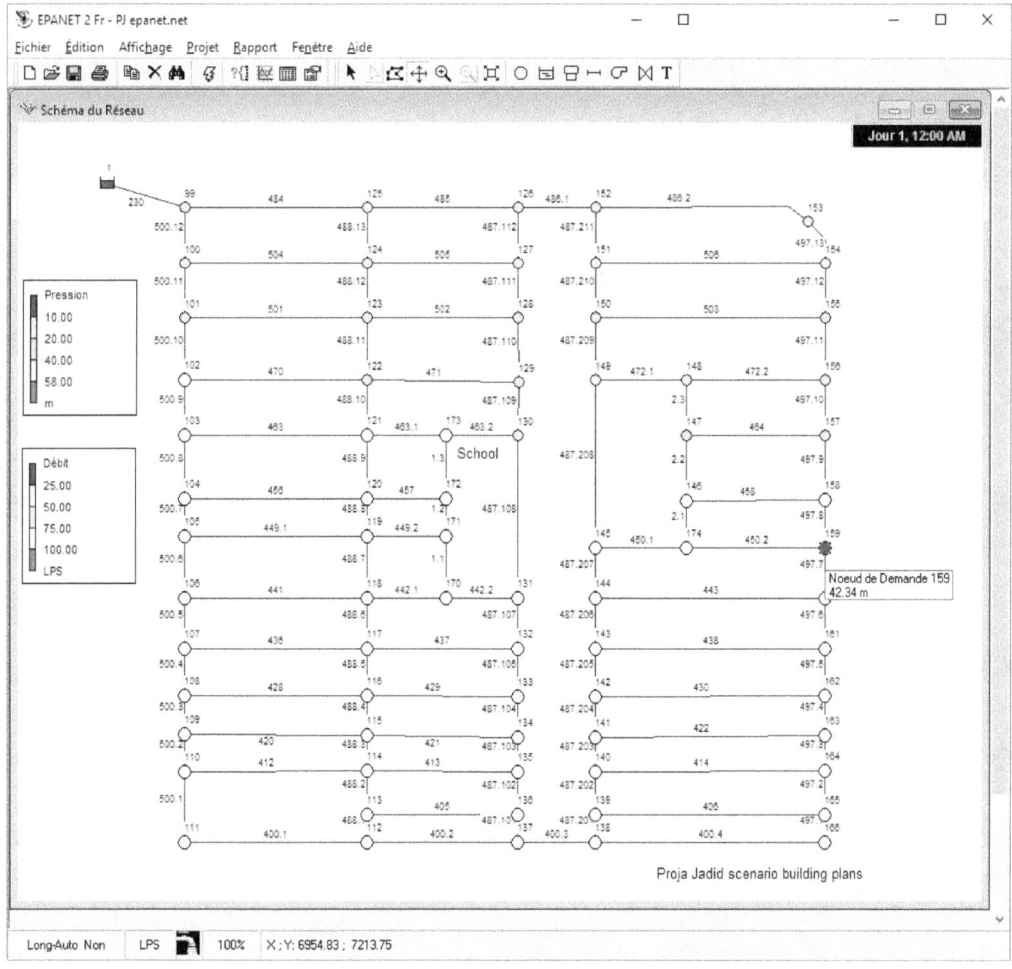

En fait, c'est un logiciel très facile à utiliser, ce qui a contribué à sa grande popularité. L'expérience montre que des personnes sans grande connaissance d'EPANET réussissent à se défendre avec les aspects basiques en environ 8 heures, et commencent à être opérationnelles après 30 heures.

# Quelques informations pratiques

## Téléchargement du logiciel et du manuel

Anglais. Versions actualisées:
 www.epa.gov/water-research/epanet

Espagnol: v2.00.12 :
 www.iiama.upv.es/iiama/es/transferencia/software/epanet-esp

Français:  v2.00.10
https://www.researchgate.net/publication/330525216_EPANET_20_en_Française_MA NUEL_DE_L'UTILISATEUR_Version_20010

Le téléchargement du programme en soi est un peu caché dans la boîte *Supplementary resource*.

Portugais  v2.00.12:
www.dec.uc.pt/~WaterNetGen/epanet_por.php?DownLoadEpanetPor=Nothing

Russe v2.00.12:
www.epanet.com.ua/download

## Chaîne Youtube

   tiny.cc/arnalich

Dans ma chaîne youtube, il y a des vidéos sur la conception, sur comment modéliser des puits, des sources et des bassins brise-charge avec EPANET ou sur l'utilisation pratique d'une perte de charge hydraulique de 5 m/km pour optimiser des réseaux dans lesquels on ne sait pas par où commencer.

Bien que la plupart des vidéos soient en anglais, vous pouvez activer la traduction des sous-titres dans les options de la vidéo (gear) en choisissant *Auto-translate*

## Exercices

A la date de la rédaction de ce manuel, le seul livre d'exercices disponible est "***EPANET y cooperación. 44 Ejercicios progresivos comentados paso a paso",*** en espagnol ou en anglais, du même auteur et disponible sur : www.arnalich.com/es/libros.html

## Compléments

Epanet dispose de nombreux modules complémentaires et outils développés par des tiers, par exemple, plusieurs modules pour travailler avec AutoCAD ou SIG, ou ceux développés par Oscar Vegas Niño. Cherchez-les sur Internet.

## Si vous ne voyez pas les fichiers d'aide

Certaines versions de Windows, depuis Vista jusqu'aux premières versions de Windows 10, n'arrivent pas à lire les fichiers d'aide et le tutoriel qui sont franchement utiles. Si vous êtes dans ce cas, cherchez sur internet une solution actualisée. Par exemple :

www.water-simulation.com/wsp/2015/10/01/how-to-open-epanets-help-file-in-windows-10/

# Ce que peut faire et ne peut pas faire EPANET

Bonnes nouvelles ! Vous allez pouvoir réaliser la majorité des calculs dont vous aurez besoin pour votre projet, et ceux qu'EPANET ne peut pas faire sont relativement faciles à faire à la main. Principalement vous l'utiliserez pour :

- Définir le type et le diamètre des tuyaux à installer
- Définir les améliorations ou les extensions dont aura besoin un réseau.
- Définir l'emplacement des réservoirs, des vannes et des pompes.
- Observer le comportement du chlore et la nécessité de prévoir des points de chloration secondaires.

EPANET permet également de réaliser les tâches suivantes, mais, à mon sens, ce sont des tâches qui, réalisées autrement, pourraient être moins sujette à l'erreur :

- Le dimensionnement des réservoirs.
- La sélection des pompes, sauf dans le cas des systèmes de pompage complexes.
- Le calcul de la consommation d'énergie.

Vous trouverez la liste détaillée des prestations réalisées par le logiciel dans le manuel d'utilisation.

### Ce que NE peut PAS faire EPANET

Avant toute chose, il convient de faire une petite introduction. Les modèles créés peuvent être classés en deux types : inertiels et non inertiels. Les modèles non inertiels assument des conditions de quasi-équilibre, c'est-à-dire qu'il ne se produit pas de changement brusque dans le réseau. C'est effectivement le cas s'il l'on considère que plusieurs kilomètres de tuyaux présentent une grande résistance au changement et que les utilisateurs ne se comportent pas comme un banc de sardines, ouvrant et fermant leurs robinets à l'unisson. Cependant, cela peut vous conduire à négliger certains phénomènes réels et rapides comme une rupture de la tuyauterie, un coup de bélier provoqué par une masse d'eau de plusieurs tonnes qui doit s'arrêter en quelques secondes à la fermeture d'une vanne, ou encore la fermeture brusque d'une clapet anti-retour, le démarrage et l'arrêt d'une pompe…

Tous ces phénomènes sont très rapides et EPANET, assumant des conditions de quasi-équilibre, n'a pas la capacité de les calculer. Revenons sur ce qu'EPANET NE fait PAS :

1. Il ne calcule pas les coups de bélier.
2. Il ne simule pas les ruptures de tuyauterie, il détermine seulement le débit d'une fuite ou ses effets sur la pression, la vitesse, etc.
3. Les clapets anti-retour sont modélisées de manière simplifiée.
4. Il n'évalue pas les conséquences de la présence d'air au sein du réseau.

En résumé, **EPANET ne permet pas de traiter les changements brusques dans le réseau.**

# Les objets sous EPANET

EPANET reconnait 6 types fondamentaux d'objets qui interviennent dans un réseau. Ce sont ces objets qui se dessinent et permettent de le faire fonctionner. Il est vital de les connaître. Ce sont les suivant :

○ **Le nœud.** Un nœud est un point auquel on assigne une altitude donnée et par lequel l'eau peut sortir du réseau. Cette sortie se concrétise en lui assignant une demande ou consommation. En introduisant une demande négative, le nœud devient un point d'entrée.

⊟ **La bâche infinie.** La bâche infinie représente un regard ou la captation de l'eau. Dans tous les cas, c'est une bonne idée d'en intégrer une à votre schéma pour éviter l'apparition de messages d'erreur. Son volume ne dépend pas des entrées et des sorties d'eau, c'est-à-dire, que sa taille est très grande en comparaison avec le reste du système. Pour vous faire une idée, elle représente une rivière, un lac ou un aquifère souterrain… Elle se caractérise par sa hauteur totale.

⊟ **Le réservoir** est un nœud avec une capacité de stockage limitée. Sans plus de mystère, il correspond au réservoir qui nous vient à tous à l'esprit en entendant ce mot.

⊢ **Le tuyau** permet de véhiculer l'eau d'un point à l'autre du système. EPANET suppose que les tuyaux sont pleins à tout instant. De plus, il est possible d'ouvrir, de fermer ou de limiter le débit à une seule direction sans nécessité d'ajouter des vannes. Les tuyaux dissipent l'énergie de l'eau par frottement.

↗ **La pompe.** Les pompes permettent de pressuriser l'eau dans le réseau.

⋈ **Les vannes.** Les vannes, comprises comme EPANET l'entend, sont probablement des éléments à éviter dans notre contexte, de par leur prix et la difficulté rencontrée pour les remplacer. Nous avons déjà précisé que les clapets anti-retour et les vannes d'ouverture et de fermeture s'intègrent comme une propriété du tuyau sur lequel elles seront installées.

## Eviter de perdre du temps avec EPANET

EPANET vous permet d'économiser du temps et des efforts. Voici quelques recommandations:

1. **Evitez de dessiner les réseaux avec précision.** Si vous travaillez avec la propriété *Longueur automatique* désactivée, vous dessinerez un croquis du

réseau puis vous saisirez les longueurs correspondantes séparément. D'un point de vue pratique, EPANET n'a pas besoin que vous soyez particulièrement méticuleux à l'heure de dessiner un réseau. EPANET simulera de manière identique les deux schémas ci-dessous s'ils possèdent la même longueur de tuyauteries.

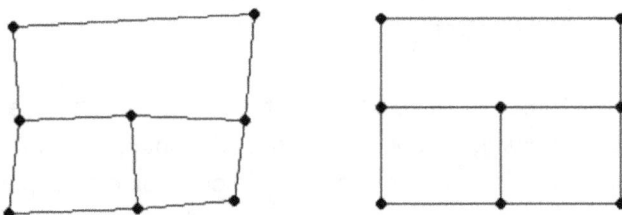

2.  **Evitez d'assigner un numéro logique aux différents nœuds et tuyaux**. EPANET assigne lui-même un numéro aux composants du réseau durant la conception : tuyau n°1, nœud n°63 et successivement. Insister pour que ces numéros suivent une logique déterminée n'est pas une bonne idée. Au cours de la modélisation du réseau, vous créerez et effacerez beaucoup de tuyaux et actualiser les informations à chaque modification serait un travail herculéen. Le modèle terminé, vous pouvez utiliser l'outil Rename-IDs d'Oscar Vegas Niño pour les renommer comme vous le souhaitez.

3.  **Evitez de supprimer le schéma de base.** Une fois toutes les données topographiques, bombes, etc., saisies, conservez une copie de sécurité et travaillez sur une autre version. Notamment pour les réseaux existants, après avoir travaillé sur un modèle pendant plusieurs heures sans beaucoup de résultats, vous ne saurez plus quelle est la version initiale et ce que vous avez modifié depuis. Et même en s'en souvenant, il faut du travail pour rendre à un modèle son état initial.

4.  Dans les systèmes ou modèles existants, **évitez de faire des changements sans les mettre par écrit.** A la bonne heure ! Vous avez réussi à optimiser votre réseau tout en ajustant votre budget, maiiiis… des 267 tuyaux et des 198 nœuds existants, lesquels avez-vous modifiés ? Notez chacun des changements réalisés, par exemple de la manière suivante :

> *Tuyau 58, augmentation de 75 à 125 mm*
> *Tuyau 63 nouvelle…*

Par exemple :

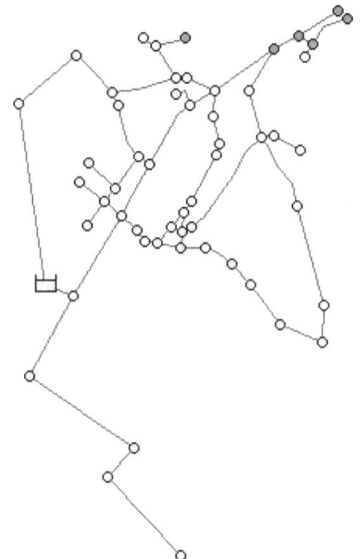

Modifications :

Tuyaux 37 et 38 nouveaux

Noued 7 nouveau

Tuyau 27 150 -> 200

Fermeture en anneau, tuyaux 58-61

Tuyaux 11 et 10 -> 200

5. **Utilisez des valeurs par défaut** de longueurs, diamètres, demandes, etc., qui soient à priori récurrentes dans votre système. Vous verrez comment plus loin dans ce manuel.

6. **Pensez à enregistrer différentes versions du fichier en fonction des objectifs atteints.** EPANET ne permet pas de défaire automatiquement des changements. Revenir instantanément à un point précédent après s'être perdu dans une voie sans issue peut vous faire gagner beaucoup de temps. Enregistrez vos fichiers de la manière suivante : « Réseau v 1.2 stable.net », « Réseau v 1.3 station de pompage.net », etc., afin de pouvoir revenir rapidement à une étape antérieure.

7. **Ne « sur-construisez » pas votre modèle.** Un modèle est un modèle, ce n'est pas la réalité. Il s'agit donc de construire le schéma le plus simple possible qui représentera adéquatement le comportement du réseau. Essayer de représenter dans EPANET absolument tous les composants du réseau est la meilleure manière de se décourager. Souvent, il n'est pas nécessaire de représenter l'intégralité du réseau, il est possible de substituer une pompe par un réservoir, etc.

Si vous êtes enthousiaste à l'idée de commencer votre projet, désireux d'être méticuleux à l'extrême et préférez ignorer certaines de ses recommandations, je vous renvoie à la section « Dépasser le syndrome de la paresse post-assemblage » du Chapitre 7, au cas où vous préféreriez être prudent et économiser votre énergie et enthousiasme pour la suite.

## Éviter malentendus d'unités

Le 23 septembre 1999, le Mars Climate Orbiter s'est écrasé à la surface de Mars parce que les ordinateurs du sol et de la sonde fonctionnaient dans des unités différentes. Comme ceci arrive même aux meilleurs, **assurez-vous qu'EPANET, toute votre équipe, vos fournisseurs et constructeurs travaillent avec les mêmes unités.**

La première chose à faire est de configurer EPANET pour qu'il travaille avec les bonnes unités. Pour ce faire, cliquez sur *Projet* et dans le menu déroulant, sélectionnez *Par défaut*. Dans le reste de ce manuel, vous retrouverez ce genre d'explications sous la forme de chemin d'accès. Le chemin de cette action est donc : > *Projet / Par défaut*.

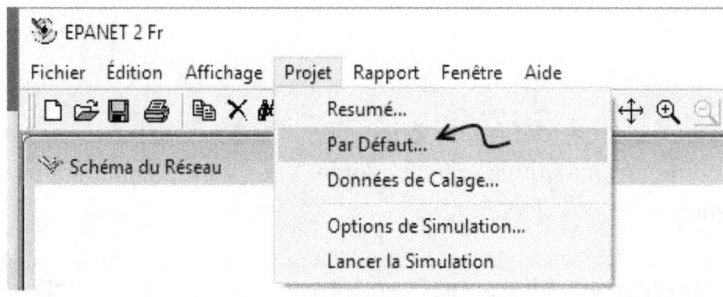

Dans la boîte de dialogue qui s'affiche, cliquez sur l'onglet *Hydrauliques* et assurez-vous que l'unité de mesure est LPS. Choisir cette option implique alors l'utilisation des unités suivantes :

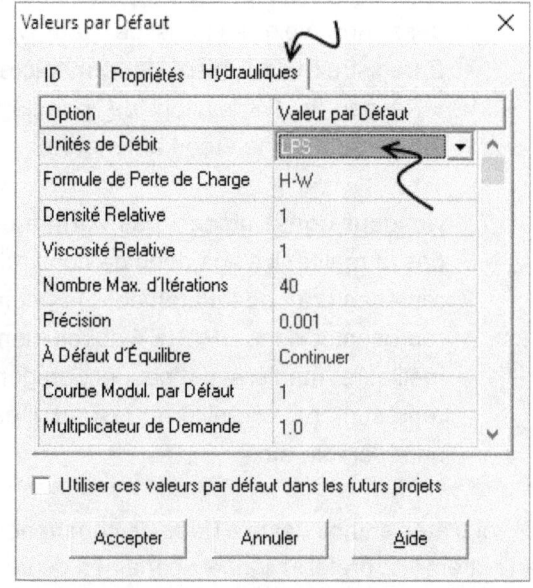

- Débit : litres/seconde
- Pression : mètre CE
- Diamètre : millimètre
- Longueur : mètre
- Altitude : mètre
- Dimension : mètre

# Outils de base

L'objectif de cette section est de présenter quelques-uns des principaux outils d'EPANET ainsi que la manière d'en tirer parti.

➢ **Sélectionner une région**. Si vous avez, par exemple, besoin de changer la rugosité des tuyaux de 140 à 120, il n'est pas nécessaire de le faire tuyau par tuyau :

    1.  Suivez le chemin > *Edition / Sélectionner région*. Vous remarquerez que le curseur prend la forme d'une croix.

    2.  Sélectionnez les objets que vous voulez modifier en cliquant successivement sur les points qui formeront les limites de la section sélectionnée. Pour fermer un polygone, cliquez sur le bouton droit de la souris ; pour recommencer, appuyez sur *Esc*.

    3.  Une fois le polygone fermé, cliquez sur > *Edition / Editer* groupe et observez la fenêtre affichée. Il s'agit maintenant de construire une phrase du type « Pour tous les tuyaux dans la région sélectionnée avec une rugosité égale à 140, remplacer rugosité par 120 », en remplissant et choisissant les options dans la fenêtre à l'écran :

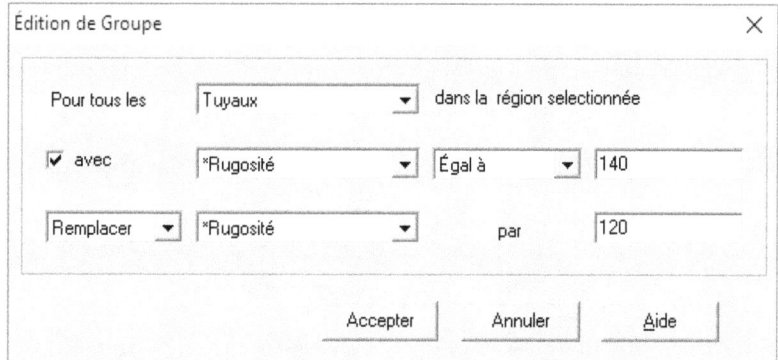

➢ **Faire coïncider l'échelle des légendes avec les critères de la conception**. Si vous avez décidé que la pression doit être comprise entre 1 et 3 bar (10 à 30 mètres de colonne d'eau), vous pouvez modifiez la légende de manière à ce que la première couleur vous montre des pressions négatives, la seconde votre limite minimum, la troisième une valeur intermédiaire et la quatrième votre limite maximum afin de pouvoir identifier les valeurs hors limites d'un seul coup d'œil.

Sur l'image à droite, vous pouvez observer des zones avec une pression négative (bleu foncé), une pression insuffisante (bleu ciel) et une pression excessive (rouge).

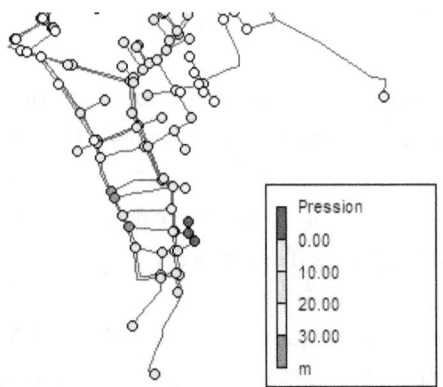

Pour ce faire, procédez de la manière suivante :

1.  Cliquez avec le bouton droit de la souris sur la légende. Si vous cliquez sur le bouton gauche, la légende s'efface. Pour la faire s'afficher de nouveau, faites > *Affichage / Légendes / Nœuds* (ou Arcs selon l'élément dont il s'agit).

2.  Remplissez les cadres avec les valeurs de votre choix et cliquez sur *Accepter*.

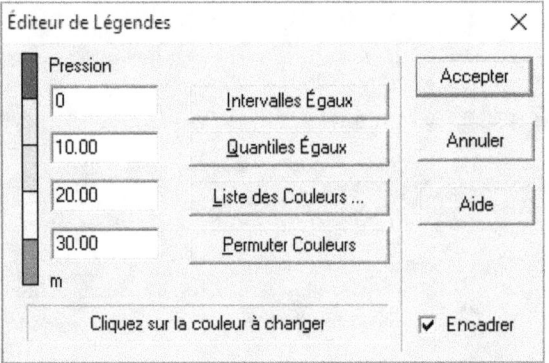

➢ **Utiliser l'Aide.** L'Aide d'EPANET est étonnamment efficace et contient beaucoup d'informations utiles, rapidement accessibles, qui vont droit au but. Ci-dessous, en voici un exemple, à propos des courbes caractéristiques d'une pompe.

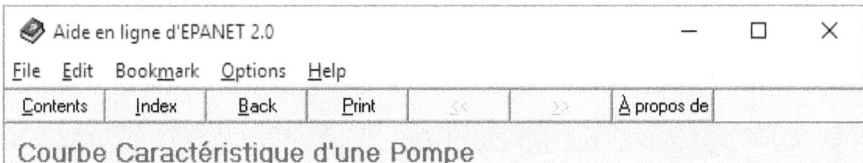

## Courbe Caractéristique d'une Pompe

La **Courbe Caractéristique** d'une Pompe représente le rapport entre la charge et le débit qu'une pompe peut fournir à sa vitesse nominale.

▶ La Charge est le gain de charge que la pompe fournit à chaque unité d'eau, ce qui est approximativement la différence entre la pression à l'entrée et à la sortie de la pompe. Elle est représenté sur l'axe vertical Y, en mètres (pieds)

▶ Le Débit es représenté sur l'axe horizontal X, dans les unités de débit correspondant.

▶ Pour être valable, la charge d'une courbe caractéristique d'une pompe doit diminuer quand le débit augmente.

▶ La forme d'une courbe caractéristique tracée par EPANET dépend du nombre de points introduits:

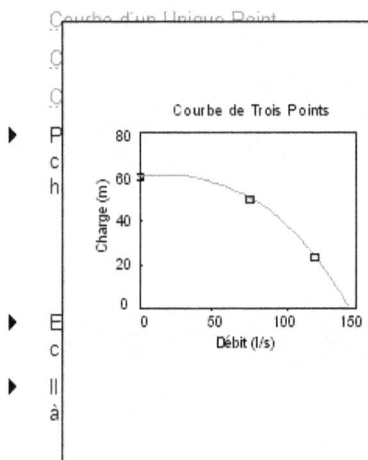

### Courbe à partir de Trois Points

Cette courbe caractéristique est définie par trois points de fonctionnement:

- un point de Bas Débit (quand le débit est limité ou nul)
- un point de Débit Nominal (débit et charge aux conditions nominales)
- et un point de Débit Maximal (débit et charge au débit maximal).

EPANET cherche la meilleure courbe de tendance qui passe par ces trois points et qui est décrite par la fonction :

$$h_G = A - B\,q^C$$

où $h_G$ représente le gain de charge, $q$ le débit, et $A$, $B$, et $C$ sont des constantes

# CHAPITRE 4

# Assembler le modèle

## Introduction

Dans ce chapitre, nous allons voir comment se construit un schéma. Nous commencerons par dessiner un réseau puis, petit à petit, nous saisirons les données. La définition et l'assignation de la demande en eau seront abordées au chapitre suivant « Saisir la demande en eau ».

Pour apprendre à vous orienter, prenez 30 minutes avant de commencer pour voir le tutoriel « Prise en main rapide », inclus dans EPANET. Il s'agit d'acquérir les premières bases pour pouvoir utiliser l'ensemble du manuel. Le chemin pour y accéder est > *Aide / Prise en main rapide.*

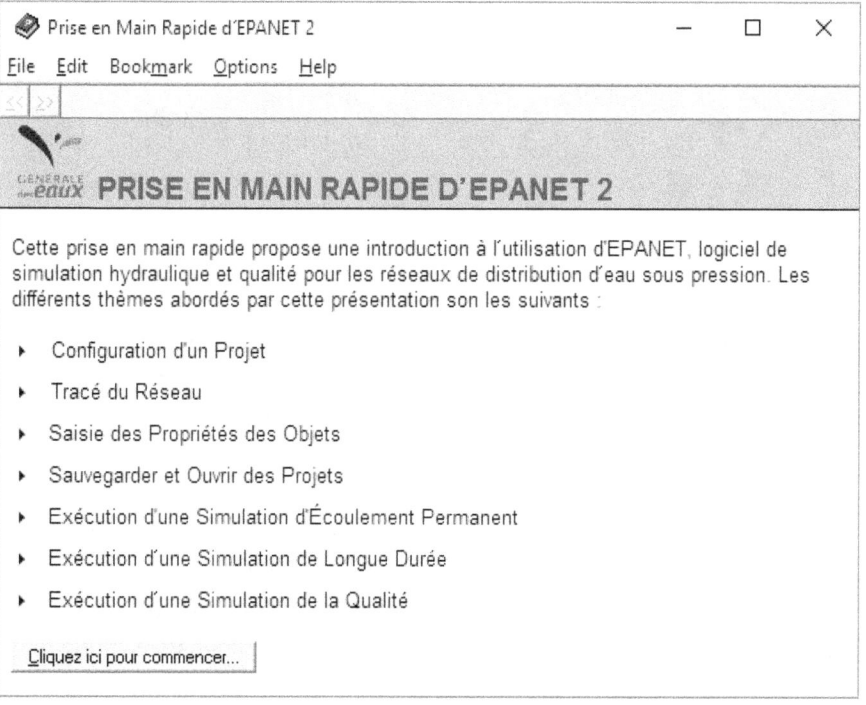

Pour finir, **assurez-vous que vous avez bien configuré les valeurs par défaut ainsi que les unités correspondantes**, comme nous l'avons vu au chapitre précédent.

## Conversion d'unités

Pour travailler avec EPANET, vous devrez faire, de temps à autre certains calculs très simples à la main. Bien qu'ils soient très faciles, certains d'entre eux peuvent induire des erreurs aussi traitresses que les doubles négations ou le nombre de jours entre deux dates.

Si vous faites preuve de discipline dans la conversion des unités de mesure, vous découvrirez beaucoup d'erreurs qui auraient pu affecter votre stabilité émotionnelle. Les unités sont votre canari dans la mine de charbon. Observez, par exemple, ces deux calculs de conversion d'unités:

$$14m^3/h = 14\frac{m^3}{h} * \frac{1m^3}{1000l} * \frac{3600s}{1h} = 50.4\frac{m^3 * m^3 * l}{h * h * s} = 50.4lm^6/h^2s$$

**lm⁶/ h²s !!?!** Si, tout comme moi, vous ne reconnaissez par cette unité de débit, c'est que quelque chose s'est mal passé.

$$14m^3/h = 14\frac{m^3}{h} * \frac{1000l}{1m^3} * \frac{1h}{3600s} = 3.88\frac{m^3 * l * h}{h * m^3 * s} = 3.88l/s$$

## Ajouter de la cartographie

Il y a deux manières de travailler avec EPANET. La première consiste à dessiner un croquis du réseau puis à saisir les données correspondantes à chaque élément. Ceci nécessite un relevé topographique qui précise les distances et les hauteurs. C'est un travail laborieux.

La seconde manière, développée ici, est plus pratique et moins encline à l'erreur. Il s'agit de charger en fond une carte ou une image satellite ou aérienne. En gros, vous téléchargez une carte ou une image satellite et vous l'installez comme toile de fond dans le programme. Cette image est calibrée en entrant les dimensions horizontales et verticales réelles, de sorte qu'EPANET puisse établir une relation entre les pixels et les distances réelles, par exemple 500 px/km. Grâce à cette relation, EPANET peut estimer la longueur réelle des tuyaux que vous tracez sur le dessus.

Le plus probable est que vous utiliserez les images de Google Earth, mais commençons par des cartes imprimées pour rendre l'explication des coordonnées plus visuelle.

### Le calcul des distances sur une carte

Les cartes indiquent généralement les distances sous forme de coordonnées.

a) Si la carte est récente, elle utilisera des coordonnées UTM que vous pourrez lire dans la marge de cette dernière.

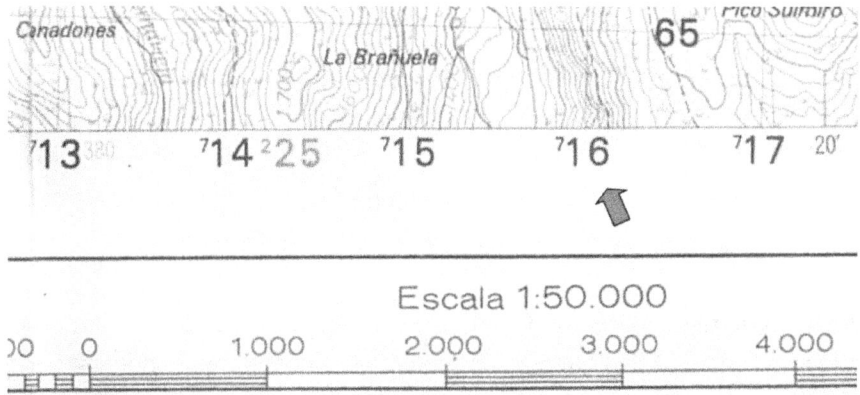

Dans le cas présent, il est très facile de déduire les distances grâce à l'échelle. En revanche, lorsqu'il n'y en a pas, vous pouvez les calculer grâces aux chiffres [7]13, [7]14, etc. Ils représentent les coordonnées UTM horizontales comme sur un GPS :

32S **713**000 8033400

Vous pouvez ignorer le premier groupe, 32S. Le second renvoie à la coordonnée horizontale mesurée en mètres depuis un point donné, et le dernier à la coordonnée verticale. Pour connaître la distance entre le point [7]13 et le point [7]14, vous pouvez faire une soustraction de la manière suivante : le point [7]13 se situe à 713 000 mètres d'un point de référence (qui ne nous intéresse pas) et le point [7]14 à 714 000 mètres. La distance entre ces deux points est donc de : 714 000 – 713 000 = 1000 m.

Prenons un exemple. Ci-dessous, nous avons représenté la zone de l'emplacement du projet par un cadre et nous allons déduire ses dimensions grâce à la carte.

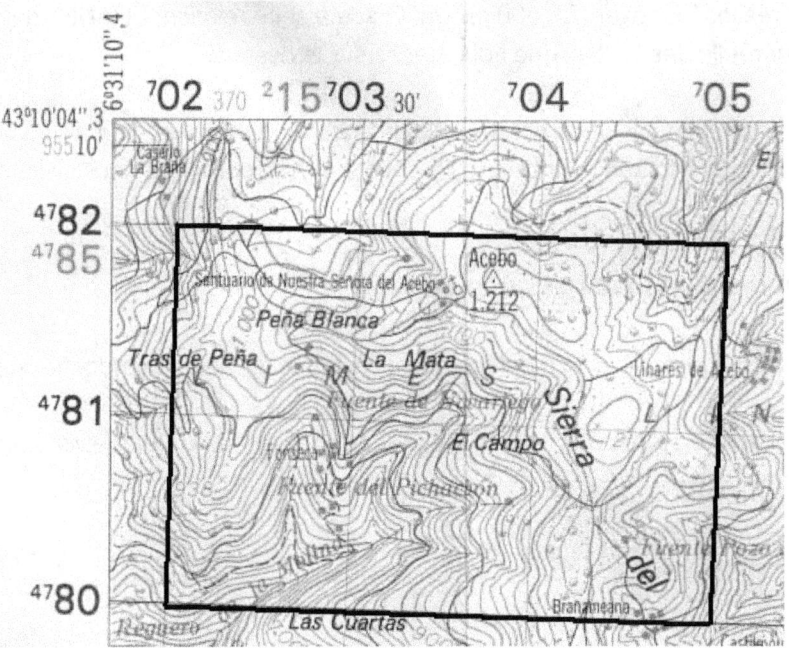

Dimension horizontale : 705 000 – 702 000 = 3000 mètres
Dimension verticale : 4 782 000 – 4 780 000 = 2000 mètres

Une limite importante d'EPANET est de ne considérer que les dimensions des extrémités de l'image. En conséquence, vous aurez besoin de recadrer votre carte de sorte que n'apparaisse que l'intérieur du cadre noir.

**b)** Si la carte est en degrés de longitude et latitude, vous pouvez utiliser un convertisseur de coordonnées sur Internet et procéder ensuite comme décrit ci-dessus.

## Calculer des dimensions d'image et de carte sans références

Vous aurez besoin d'un GPS et des coordonnées UTM. On n'utilisera pas les latitudes ou longitudes qui ne sont effectives que dans des zones ouvertes, c'est-à-dire maritimes ou aériennes. Les coordonnées UTM sont du type 32S 486000 8033400. Nous avons vu précédemment que la première coordonnée, 486000, correspond à l'horizontale en mètres et la seconde, 8033400, correspond à la verticale, en mètres également, tandis que le groupe 32S n'a pas d'importance à ce stade.

Pour dimensionner l'image ci-dessous, recherchez deux points facilement localisables aussi bien sur la carte que dans la réalité. Vous devez choisir ces deux points de manière à englober le champ de l'image où le réseau sera installé, l'un situé dans l'angle inférieur gauche, et l'autre, dans l'angle supérieur droit. Dans cet exemple, nous avons choisi une mosquée (A) et une station-service (B).

Une fois ces deux points définis, vous devrez vous y rendre avec un GPS afin de relever leurs coordonnées UTM respectives. La soustraction entre les deux coordonnées correspond à la distance entre ces deux points de votre future image.

|  |  |  |  |
|---|---|---|---|
| Station-service (Angle supérieure droit) | 32 S | 486000 | 8033400 |
| Mosquée (Angle inférieure gauche) | 32 S | 484000 | 8032000 |
|  |  | --------------------------------- |  |
|  |  | 2000 | 1400 mètres |

Je dis future pour vous rappeler qu'avec EPANET, les deux points doivent être situés dans les angles de votre image. Si nécessaire, vous devrez donc la recadrer pour qu'il en soit ainsi.

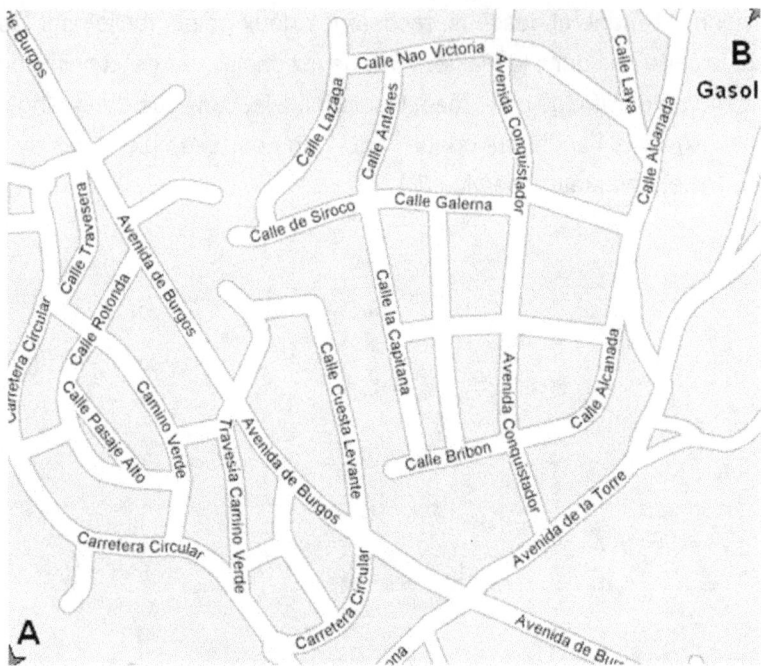

Pour insérer votre image dans EPANET, allez dans >*Affichage / Fond d'écran / Importer* et sélectionnez votre image. Certaines versions d'EPANET fonctionnent avec un format .bmp. Il est rare que les images soient en format .bmp, vous devrez probablement l'enregistrer sous ce format (.bmp) avec l'option *Enregistrer sous* de n'importe quel logiciel de retouche d'image comme Paint. Une fois que vous avez importé votre image de fond, vous devez la dimensionner. Cliquez sur >*Affichage / Dimensions* et reportez vos dimensions de la manière suivante :

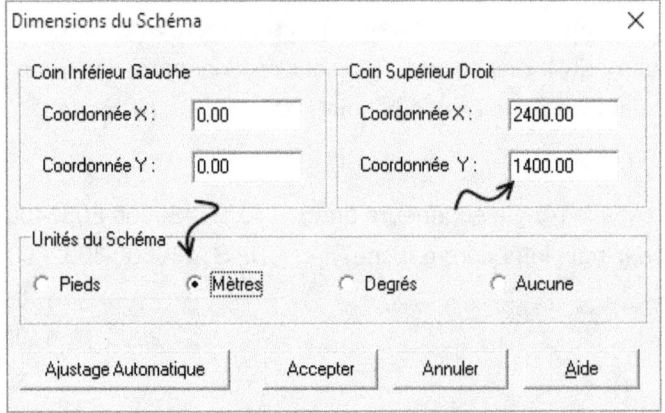

Vous remarquerez que, lorsque vous bougez le curseur, les coordonnées apparaissent à l'angle inférieur gauche de la fenêtre.

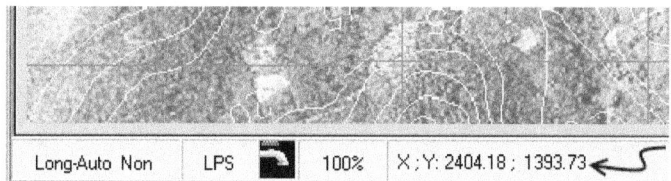

Profitez-en pour vérifier les données que vous avez saisies en situant le curseur dans l'angle supérieur droit. Les coordonnées affichées doivent coïncider avec vos valeurs à quelques mètres près.

## Utilisation des images de Google Earth

Google Earth (www.google.fr/intl/fr/earth/) est un logiciel simple et pratique pour extraire des images satellites. Il suffit de cliquer sur > *Fichier / Enregistrer / Enregistrer l'image* comme le montre l'image ci-dessous.

Afin de connaître les dimensions de l'image :

1.  Configurez Google Earth pour utiliser l'UTM en allant dans *Outils/Options/Vue 3D* et en cochant l'option *Projection transverse de Mercator*.

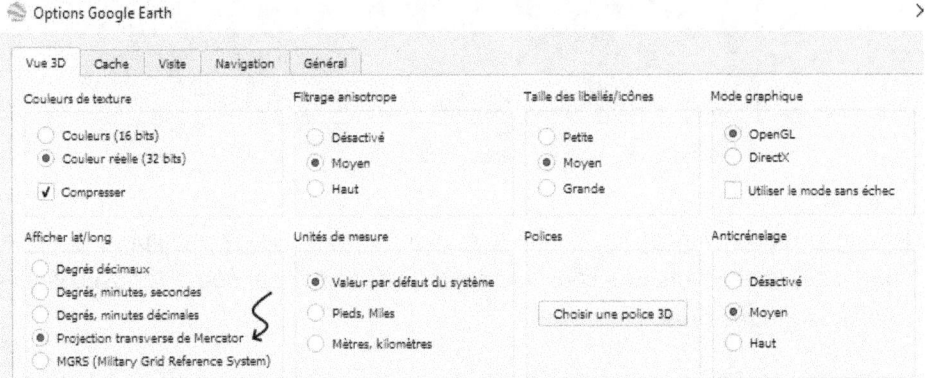

2. Ajoutez une punaise dans les coins inférieur gauche et supérieur droit comme fait quelques pages auparavant. Avec cela, vous pouvez marquer les points où vous devez couper l'image, la pointe de l'épingle, et obtenir les coordonnées en même temps.

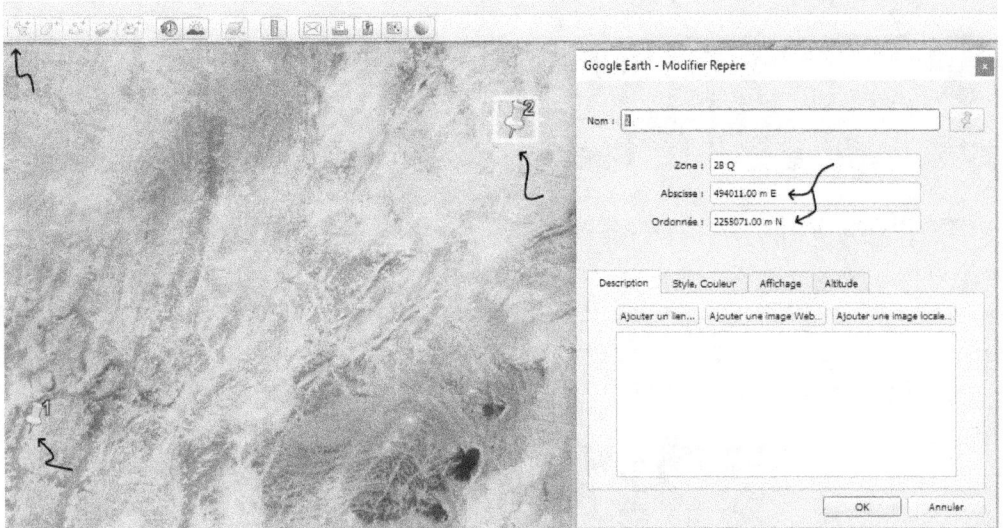

3. Nous avons déjà vu le reste du processus dans la section précédente.

## Quelques questions pratiques

A ce stade, vous avez référencé votre image et vous êtes prêt(e)s à dessiner le réseau… Oups! Vous ne voyez quasiment rien! C'est fréquemment le cas avec la végétation. Vous pouvez y remédier facilement en allant dans *Navigateur / Schéma* et en choisissant d'afficher la qualité initiale et le coefficient de mur par exemple, et en modifiant l'échelle, si nécessaire, pour que ce que vous dessinez soit affiché en rouge ou dans une autre couleur à fort contraste.

a) Si votre version exige que vous utilisiez le format .bmp, les images auront une taille significative. Sachant que plus les images sont lourdes, plus lentes sont toutes les opérations que vous réalisez, travaillez avec des images d'une taille adaptée.

b) Pour ne pas rencontrer de problèmes, travaillez avec des images à la même échelle verticale et horizontale, en évitant toutes déformations.

# Dessiner le réseau

## Avec une carte paramétrée

Si vous utilisez une carte paramétrée, assurez-vous que la propriété *Longueur automatique* est activée à chaque fois que vous dessinez. Elle a une sérieuse tendance à se désactiver.

Pour l'activer ou la désactiver, cliquez avec le bouton droit sur *Long-Auto Non* :

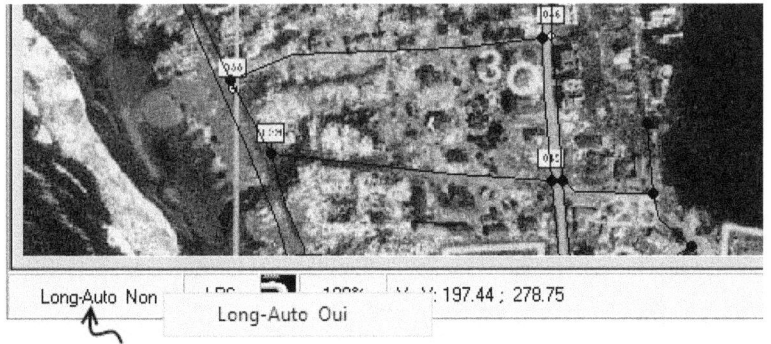

Même ainsi, à un moment ou à un autre, vous vous retrouverez à travailler sans le vouloir avec la propriété désactivée. Pour identifier les tuyaux que vous avez ajoutés sans la propriété *Longueur automatique*, vous devez faire une recherche avec la valeur de la longueur par défaut, généralement 1000 mètres. Pour retrouver cette dernière, allez à >*Projet / Par Défaut,* dans l'onglet *Propriétés.* Ensuite, vous devrez faire une recherche en cliquant sur l'icône :

Après avoir rempli les champs *Arcs avec*, *Longueur*, *Egal à* et la valeur recherchée, cliquez sur *Chercher*. Les éléments correspondant à ces critères apparaîtront en rouge comme sur l'image suivante :

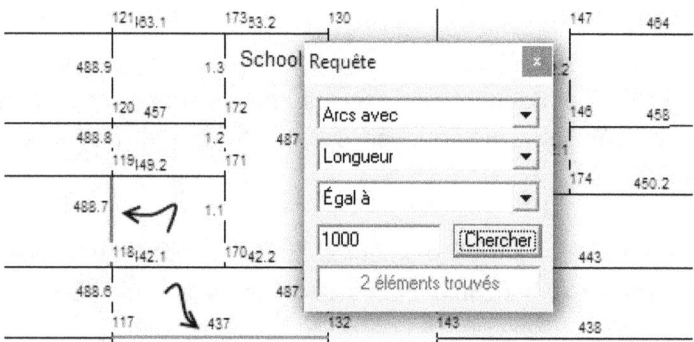

Les flèches ont été rajoutées ici pour faciliter leur visualisation mais elles n'apparaissent pas dans EPANET. Comme il est très difficile que les tuyaux dessinés avec la propriété *Longueur automatique* mesurent exactement 1000 mètres, vous pouvez en conclure que ces tuyauteries ont hérité de la valeur par défaut.

Une chose importante à savoir est qu'EPANET ne prend pas en compte la hauteur des différents points pour calculer les distances entre ces deux derniers, c'est-à-dire, qu'il suppose que la surface est plate. Dans l'image ci-dessous, il calculerait une même longueur de 500 mètres pour les tuyaux A, B, et C, bien qu'il faille davantage de tuyaux pour relier le nœud situé à 100 mètres de hauteur que celui qui est à l'horizontal. Cela ne changera pas grand-chose aux calculs.

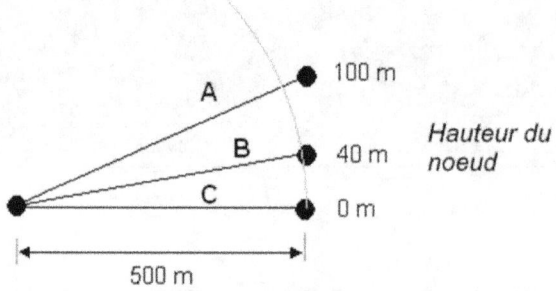

Rappelez-vous de **commander environ 5 à 10 % de matériaux en plus**. Ainsi, la mise en service de votre réseau ne sera pas reportée de 6 mois dans l'attente que le fabricant puisse produire les 25 mètres de tuyaux manquants.

### Avec un relevé topographique

A moins que votre réseau ne soit situé sur une surface plate, vous aurez besoin de mesurer la hauteur relative entre les différents nœuds. Même en travaillant avec une carte, le relevé topographique permet d'identifier les points hauts du réseau, dont il faudra évacuer l'air, et les points bas, dont il faudra évacuer les sédiments accumulés. Un relevé topographique peut prendre la forme suivante:

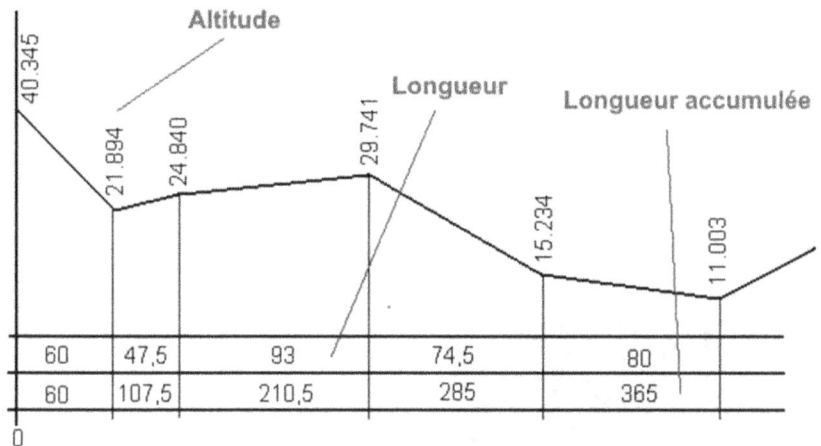

Vous pouvez facilement y lire la cote, ou altitude, des points du réseau et la longueur des tuyaux. Par exemple, entre le premier et le dernier point, il y aura 365 mètres de tuyaux (365 - 0 m) et 29.342 mètres de dénivelé (40.345 m – 11.003 m).

Dans le cas de réseaux répétitifs, c'est une bonne idée de saisir dans les valeurs par défaut la longueur de tuyauterie la plus fréquente (Allez dans > *Projet / Par défaut*).

Si vous décidez de travailler de cette manière, soyez attentif car, ne pas dessiner un schéma à l'échelle implique que vous n'aurez plus aucune manière de rechercher les tuyaux auxquels vous n'aurez encore pas affecté de données (voir section précédente). Par exemple, sur le schéma de gauche, les deux tuyaux signalés par des flèches semblent approximativement de même longueur alors que le premier mesure 90 m et le second 40 m. En introduisant une valeur par défaut qui existe déjà, comment savoir s'il y a des données que vous auriez oublié de renseigner ?

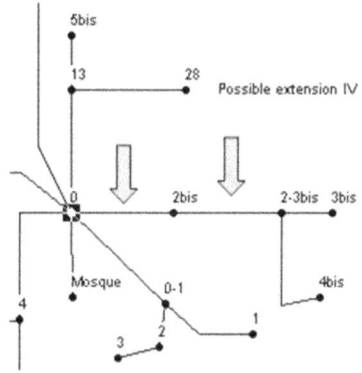

## Importer depuis AutoCAD

Dans certains cas, mais pas les plus fréquents, le réseau est déjà numérisé via AutoCAD. Il existe des logiciels qui interprètent l'information contenue dans AutoCAD et la convertissent pour qu'elle soit interprétable par EPANET. L'un d'eux est dxf2epa, qui a été développé par Lewis Rossman, le créateur d'EPANET. Un autre un peu plus récent est EpaCAD : www.epacad.com

Il faut prêter attention à deux choses :

1. Tout d'abord, si, à l'heure de dessiner avec AutoCAD, il n'a pas été utilisé des outils de précisions, comme "Snap" par exemple, certaines lignes sembleront se toucher mais en réalité ne seront pas reliées. EPANET les considérera alors comme séparées.

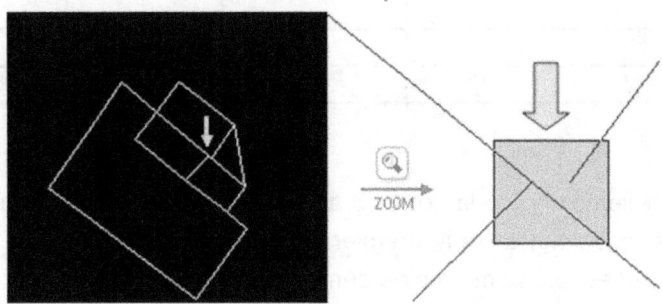

2. Les lignes qui se croisent seront automatiquement interprétées comme un nœud. Dans le cas de tuyauteries qui se croisent mais qui ne sont pas reliées, il sera nécessaire de les séparer. Pour éviter les confusions, il est courant de les représenter comme sur l'image de droite.

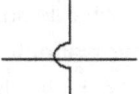

## Inclure des détails

Parfois, dans un dessin à l'échelle, certaines parties seront superposées si elles sont maintenues à la même échelle que le reste. C'est le cas d'une station de pompage, comme dans l'image ci-contre, ou bien d'une petite installation qu'il faudra schématiser à l'intérieur même du réseau (Ecoles, Centre de Santé, etc.).

Le plus simple est probablement de dessiner cette section de manière exagérée en désactivant la propriété Longueur automatique, puis d'affecter manuellement les longueurs réelles. Sur cette image, la zone entourée correspond à une station de pompage. Vous pouvez observer comment le schéma a été exagéré en empiétant sur la mer pour pouvoir représenter tous ses composants et ne pas se retrouver avec un amas de points et de pompes inintelligibles, bien que dans la réalité cela ne représente que quelques mètres.

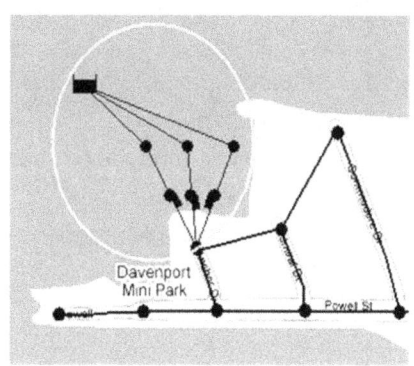

## Saisir les propriétés des nœuds

Maintenant que nous avons dessiné le réseau, c'est le moment de passer en revue les données nécessaires. Grâce au tutoriel « Prise en main rapide », vous savez qu'en double-cliquant sur un objet, vous ouvrez une boîte de dialogue avec ses caractéristiques. Certaines doivent être saisies manuellement et d'autres sont fournies par EPANET, ce qui revient à dire que vous ne pourrez modifier qu'une partie des propriétés d'un nœud.

| Noeud de Demande 145 | |
|---|---|
| Propriété | Valeur |
| *ID Noeud | 145 |
| Coordonnée X | 5310.80 |
| Coordonnée Y | 4635.49 |
| Description | |
| Genre | |
| *Altitude | 17.21 |
| Demande de Base | 0.06 |
| Courbe Modul. Demande | 1 |
| Catégories de Demande | 1 |
| Coeff. de l'Émetteur | |
| Qualité Initiale | |
| Qualité de Source | |
| Demande Actuelle | 0.02 |
| Charge | 59.65 |
| Pression | 42.44 |
| Qualité | 0.00 |

Voici la fenêtre qui s'affiche lorsque vous en cliquez sur un nœud et toutes ses propriétés. Celles encadrées (en haut) sont modifiables mais prennent une valeur automatique dès lors que vous dessinez l'objet, sauf pour les champs Description et Genre, que vous pouvez renseigner si besoin.

Dans l'encadré en pointillés (en bas de l'image), vous trouverez les données émanant de la simulation du réseau, c'est-à-dire les données calculées par le logiciel.

Les champs marqués d'un astérisque indiquent les informations minimum à renseigner pour un nœud, à savoir l'altitude à laquelle il est situé et son nom.

Concentrons-nous sur les paramètres du centre de la fenêtre :

1. Altitude
2. Demande de base
3. Courbes de modulation (demande)
4. Catégorie de demande
5. Coefficient de l'émetteur
6. Qualité initiale
7. Qualité de source

Ces paramètres sont détaillés dans les parties suivantes. Le plat principal, la demande (points 2, 3 et 4), est abordée au chapitre suivant. N'ayez crainte, en réalité, c'est très simple.

## Altitude

L'altitude renvoie à la hauteur d'un point. Comme nous travaillons avec des hauteurs relatives, cela nous est égal que ce soit par rapport au niveau de la mer standard ou par rapport au rocher où vous avez laissé votre casquette. Le point qui nous sert de référence pour comparer différentes altitudes s'appelle un **datum**. Dans le cas d'un relevé topographique, on prend généralement pour référence la base d'un réservoir, un forage, etc.

Imaginez que vous ne connaissiez pas l'altitude par rapport au niveau de la mer des trois éléments suivants d'un réseau (nous l'ajoutons ici dans une colonne supplémentaire pour l'exemple). Si vous décidez que le datum est le forage et que vous lui assignez une cote de 0 mètres, vous obtiendriez :

| | Composant | Hauteur relative | (Hauteur par rapport au niveau de la mer) |
|---|---|---|---|
| Datum | Forage | 0 mètres | 500 m |
| | Réservoir | 67 mètres | 567 m |
| | Source 1 | 22 mètres | 522 m |

Si votre datum est le réservoir, alors vous obtiendriez :

| | Composant | Hauteur relative | (Hauteur par rapport au niveau de la mer) |
|---|---|---|---|
| Datum | Réservoir | 0 mètres | 567 m |
| | Forage | - 67 mètres | 500 m |
| | Source 1 | - 45 mètres | 522 m |

Souvent, le procédé le plus exact et pratique pour déterminer les hauteurs est le relevé topographique. **N'utilisez jamais un baromètre ou un GPS conventionnel (<8000 USD) pour déterminer l'altitude.** Ces appareils ont une marge d'erreur beaucoup trop grande pour un réseau d'eau. Vous pouvez les utiliser pour les études préliminaires mais pas pour la conception finale.

Il en va de même pour les cartes en courbes de niveau et les modèles numériques d'altitude (MNA) gratuits sur l'internet. A certains endroits, vous pouvez faire une planification préliminaire (préliminaire seulement !) avec une précision raisonnable à l'aide de Modèles Numériques de Terrain (MNT, ou Digital Terrain Model, DTM, en anglais) que vous pouvez trouver gratuitement sur Internet. Par exemple, avec le logiciel Google Earth vous pouvez chercher avec le curseur les coordonnées UTM du point sur le navigateur et y lire l'altitude indiquée, bien qu'il n'y ait pas de cartographie détaillée.

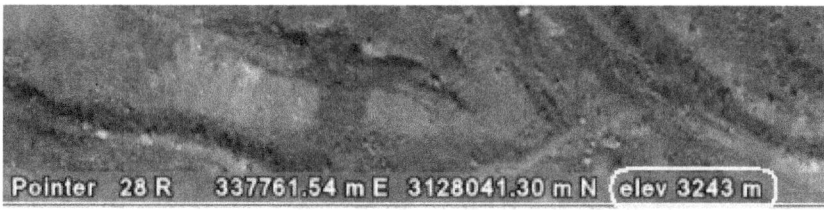

Si vous utilisez cette méthode, vérifiez l'exactitude des données de la zone où vous travaillez et **faites un relevé topographique après pour confirmer les points clés du réseau**. A certains endroits, vous pourriez avoir la surprise de trouver, selon les échelles et les moments, des points où le niveau de la mer est à 17 m.

Comme l'erreur est humaine, vous aurez certainement oublié de renseigner certains champs tels que l'altitude. Les oublis ayant une valeur par défaut de « 0 », vous pouvez à nouveau lancer une recherche pour les identifier :

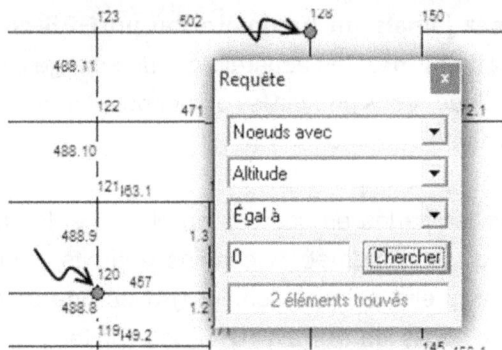

## Attention aux segments en hauteur

Dans un modèle, tous les raccordements aux maisons ne sont pas représentés, ni tous les points par lesquels passe un tuyau. Il faut s'assurer que la pression est suffisante et que le flux n'est pas interrompu à tout moment.

Une maison C peut ne pas recevoir d'eau.

**N'oubliez pas d'ajouter des nœuds témoins** pour lire la pression aux points les plus élevés du filet.

A l'heure de renseigner le champ *Altitude*, il n'est pas nécessaire de définir la hauteur exacte du tuyau. Se référer à la hauteur du niveau du sol est une bonne approche qui suppose une marge d'erreur d'à peine 1 mètre (correspondant à la profondeur d'enterrement des tuyauteries).

En suivant le même raisonnement, si le tuyau passe par un point A, surélevé par rapport à la ligne de pression de l'eau, **l'eau n'arrivera pas au point B.**

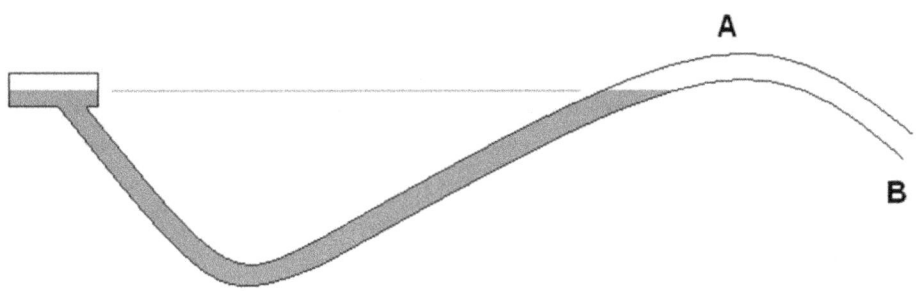

Pour éviter que ceci arrive, représentez par un nœud témoin (pour lire la pression) les points les plus surélevés qui pourraient poser problème. Une fois que l'eau commence à se déplacer, le gradient hydraulique ne sera plus horizontal et il sera plus difficile d'évaluer la pression au point A si aucun nœud n'y est représenté. Sauf dans certains cas exceptionnels, la pression minimum de n'importe lequel des points de la tuyauterie doit être de 10 mètres pour éviter les problèmes de pression.

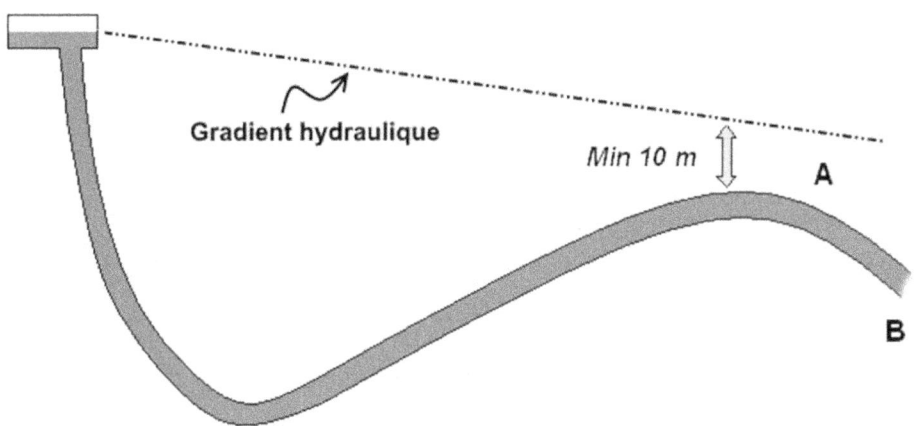

Quels sont ces cas exceptionnels ?

Ce sont les cas où il n'y a pas de tracé alternatif possible et remplir cette condition impliquerait la construction de réservoirs plus élevés ou l'utilisation de pompes. Dans ce cas précis, la pression requise au point A est plus faible car il est probable qu'il ne vaille pas la peine de soumettre le réseau à une complication supplémentaire telle qu'une station de pompage ou un réservoir en hauteur.

## Coefficient émetteur

Ils sont utilisés pour simuler des flux libres ou dépendants de la pression en évitant de spécifier une demande spécifique : fuites, irrigation, pour la décharge libre d'un tuyau. Pour ce dernier cas, par exemple, un coefficient très élevé de type 9999999 est fixé.

## Qualité initiale

Ce champ est généralement laissé en blanc. Il est utilisé si, au moment de la simulation, vous voulez démarrer avec une valeur liée à la qualité, par exemple, 0.6 ppm de chlore. Sa principale utilité réside dans le fait qu'ainsi le logiciel ne tardera pas trop longtemps à atteindre une concentration de chlore proche de celle désirée.

## Qualité de source

Dans les nœuds par lesquels l'eau entre dans le réseau, on utilise ce paramètre pour préciser sa concentration, par exemple, en chlore. Vous pouvez modéliser un injecteur de chlore par égouttement, avec un débit disons de 0.0001 l/s et une « qualité de source » de 100 ppm. La chloration est abordée en détail au Chapitre 6.

# Saisir les propriétés des tuyaux

L'objet n'est pas ici de décrire les pour et les contre de chaque type de tuyauteries. Il suffit de savoir que pour la modélisation, il y a principalement deux types de tuyauteries :

a) **Les tuyaux en métal.** Ils génèrent plus de friction, consomment du chlore, sont plus coûteux et leur diamètre tend à se réduire à cause des dépôts. Nous incluons ici le fer galvanisé et la fonte.

b) **Les tuyaux en plastique.** Ils sont plus lisses, ne consomment pas de chlore, accumulent moins de dépôts et sont moins chers : PVC, polyéthylène (PEHD).

La saisie des informations liées aux tuyaux est simple. Les trois premiers paramètres sont automatiquement fournis par EPANET. Bien que vous puissiez changer l'ID d'un tuyau, n'oubliez pas que c'est une perte de temps monumentale et que vous pouvez toujours le faire plus tard avec l'outil Rename-IDs. Si vous apportez des modifications, une grande partie des ID de nœuds variera à chaque modification.

Les sept derniers paramètres sont calculés par EPANET à chaque lancement d'une simulation. Jusqu'à lors, ils demeureront « Sans Valeur ».

| Tuyau 484 | ⊠ |
|---|---|
| Propriété | Valeur |
| *ID Tuyau | 484 |
| *Noeud Initial | 99 |
| *Noeud Final | 125 |
| Description | |
| Genre | |
| *Longueur | 168 |
| *Diamètre | 200 |
| *Rugosité | 140 |
| Coeff. Pertes Singul. | 0.8 |
| État Initial | Ouvert |
| Coef.Réact. dans la Masse | |
| Coef.Réact. aux Parois | |
| Débit | 9.81 |
| Vitesse | 0.31 |
| Perte Charge Unitaire | 0.57 |
| Facteur de Friction | 0.023 |
| Vitesse de Réaction | 0.00 |
| Qualité | 0.00 |
| État | Ouvert |

## Longueur

Avec une image paramétrée, EPANET calculera les longueurs automatiquement si la propriété *Longueur automatique* est activée. Si vous ne possédez pas d'image de fond, vous devrez les saisir une par une sur la base du relevé topographique.

## Diamètre

Pour les tuyaux en métal, le diamètre spécifié correspond au diamètre intérieur des tuyaux. Un tuyau de 25 mm possède un diamètre « utile » de 25 mm, et c'est cette même valeur que nous saisirons dans la modélisation.

A l'inverse, les tuyauteries en plastique (PVC et PEHD) sont spécifiées par leur diamètre extérieur. Le diamètre intérieur équivaut au diamètre extérieur moins l'épaisseur du tuyau.

**Pour la modélisation, vous devez utiliser le <u>diamètre intérieur</u>.** Pour compliquer davantage la situation, les caractéristiques techniques varient d'un fabriquant à l'autre. Dans la pratique, l'utilisation de nombres entiers arrondis est communément acceptée car ils n'introduisent qu'une faible marge d'erreur et permettent de simplifier énormément la tâche.

Vous pouvez utiliser ce tableau de correspondance approximatif entre les diamètres commerciaux (DN) et les diamètres intérieurs (DI) :

| DN | 25 | 32 | 40 | 50 | 63 | 75 | 90 | 110 | 125 | 140 | 160 | 180 | 200 | 250 | 315 | 400 |
|---|---|---|---|---|---|---|---|---|---|---|---|---|---|---|---|---|
| DI PEAD | 20 | 26 | 35 | 44 | 55 | 66 | 79 | 97 | 110 | 123 | 141 | 159 | 176 | 220 | 277 | 353 |
| DI PVC | 21 | 29 | 36 | 45 | 57 | 68 | 81 | 102 | 115 | 129 | 148 | 159 | 185 | 231 | 291 | 369 |

## Rugosité

La valeur du coefficient de rugosité dépend de la formule utilisée dans les calculs hydrauliques du système. Il y a deux options principales :

a) L'équation de **Darcy-Weisbach**, utilisée majoritairement en Europe. Le coefficient *f* adopte des valeurs avec décimales.

b) L'équation de **Hazen-Williams**, davantage utilisée en Amérique. Le coefficient *C* adopte des valeurs comme 100, 120, etc. Plus le coefficient est élevé, moins il y aura de frottements.

Je vous recommande d'utiliser toujours l'équation d'Hazen-Williams car elle est plus intuitive. Le coefficient ne possède pas de décimales et surtout, il ne dépend pas autant du diamètre ou de la vitesse. Les détracteurs affirment que c'est une équation expérimentale (celle de Darcy-Weisbach est théorique) qui n'est valable que pour de l'eau à température ambiante, mais… n'est-ce pas justement ce que nous voulons calculer ?!

Si je vous ai convaincu et que vous n'êtes pas en train de modéliser le comportement d'un bouillon de poisson à 90°C, vous devez vérifier que vous avez bien sélectionné l'équation de Hazen-Williams (H-W dans EPANET). Pour ce faire, allez dans > *Projet / Options de simulation,* et sélectionnez *H-W.*

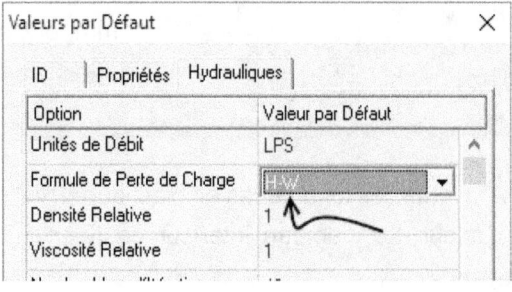

La valeur de *C* dépend du matériau des tuyaux et de leur état (et légèrement de leur diamètre) ; elle est plus élevée dans le cas de tuyauteries neuves ou en plastiques. D'une manière générale, *C* est en :

|  |  |
|---|---|
| Plastique | 140 – 150 |
| Fer galvanisé | 120 – 133 |

Utilisez l'aide d'EPANET pour obtenir une liste plus complète.

Veillez à ne pas utiliser les coefficients C du H-W avec la formule D-W ou vice versa. Cela ferait que votre modèle donnent des pressions négatives même si vous mettez des tuyaux d'un diamètre énorme.

## Coefficient de pertes singulières

Ce sont les pertes d'énergie liées aux turbulences qui se produisent dès que la tuyauterie n'est pas rectiligne : coudes, vannes, réducteurs, etc. Sur cette image, une vanne à moitié fermée crée une turbulence conique à la sortie du robinet qui se voit clairement dans l'ombre sur le mur et sur la serviette bleue. De la même manière que changer l'état de mouvement d'une eau stagnante à une eau en mouvement à l'aide d'une pompe consomme de l'énergie, accélérer l'eau et créer un tourbillon conique consomme également de l'énergie.

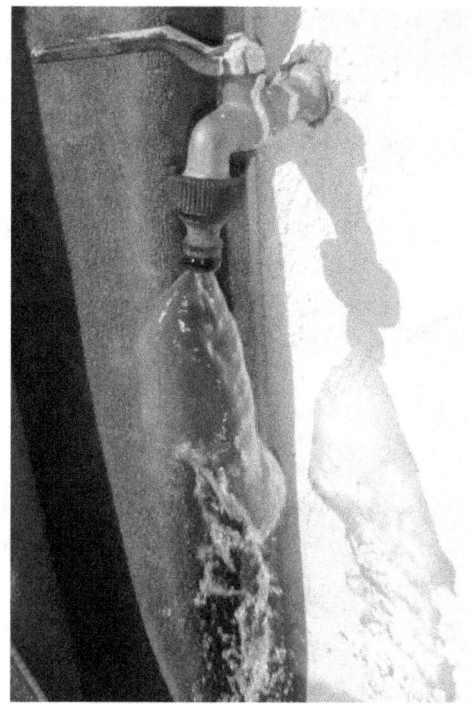

Dans la majorité des cas, les pertes sont tellement « mineures » qu'elles ne sont pas comprises dans les modèles. Néanmoins, il existe des cas où il est important de les y inclure :

- station de pompage,
- installation intérieure des immeubles et diamètre inférieur à 1",
- section où l'eau se déplace à grande vitesse.

Une manière de représenter les pertes singulières est d'ajouter une **longueur équivalente de tuyauterie**, c'est-à-dire que X mètres de tuyauterie de plus produiront le même frottement que tous les accessoires concernés. Bien que cette solution puisse paraître pratique, il y a deux bémols importants :

- En ne représentant pas la longueur réelle des tuyaux, on ne pourra pas se baser sur les données extraites du logiciel pour déterminer la quantité de matériel nécessaire. En travaillant avec des longueurs à la fois réelles et factices, vous risquez de finir par vous emmêler les pinceaux.

- Les analyses de qualité en seront affectées. En augmentant la longueur des tuyaux, vous influez sur le temps de séjour (« l'âge » de l'eau) et l'évolution du taux de chlore

Pour éviter ce genre de problème, on utilise un **coefficient de pertes singulières**. Ce coefficient (K) est propre à chaque accessoire et est lié à la perte de charge en mètres de colonne d'eau (H) d'après l'expression H = K × v²/2g.

A titre indicatif, voici les coefficients extraits de l'aide d'EPANET. Le tableau 2.6 de *"Advanced Water Distribution Modeling and Management"* en donne quelques-uns de plus.

Gardez à l'esprit que si vous dessinez un tuyau avec un angle de 90° par exemple, et que vous voulez prendre en compte les pertes singulières, vous devrez ajouter vous-même leur valeur. Vous pouvez dessiner les tuyaux dans le sens que vous voulez, pour EPANET, ils sont tous rectilignes et sans accessoires.

| Aide en ligne d'EPANET 2.0 | |
|---|---|
| File  Edit  Bookmark  Options  Help | |
| Contents  Index  Back  Print | |

**Coefficients de Pertes Singulières**

| ACCESOIRE | COEFF. PERTES |
|---|---|
| Vanne à boule, entièrement ouverte | 10,0 |
| Vanne à angle, entièrement ouverte | 5,0 |
| Clapet anti-retour à battant, entièrement ouvert | 2,5 |
| Vanne manuel, entièrement ouverte | 0,2 |
| Coude de petit rayon | 0,9 |
| Coude de rayon moyen | 0,8 |
| Coude de grand rayon | 0,6 |
| Coude de 45 degrés | 0,4 |
| Coude de 180 degrés | 2,2 |
| Té Standard - flux droit | 0,6 |
| Té Standard - flux dévié | 1,8 |
| Entrée brusque | 0,5 |
| Sortie brusque | 1,0 |

Pour l'illustrer, observez ci-dessous que la pression est la même dans les deux tuyaux de longueur et de section identiques, bien que le tracé de l'un d'entre eux ne soit pas précisément droit. EPANET n'a pas pris en compte la multiplicité de coudes et les pertes qu'il faudrait prendre en compte pour installer le tuyau B.

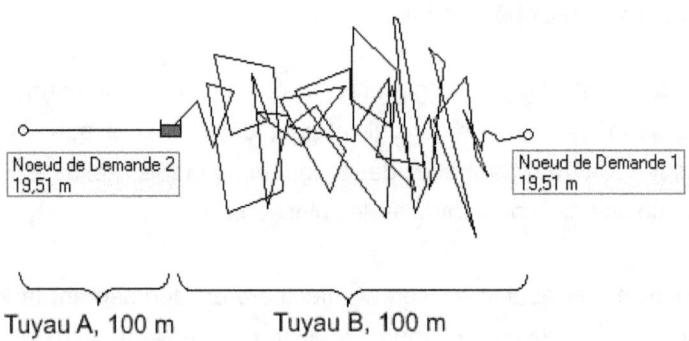

### Etat initial

Voir « Vannes » plus loin dans ce chapitre. Il s'agit principalement de voir si elles sont ouvertes ou fermées (vannes d'arrêt),  ainsi que la manière d'ajouter des clapets anti-retour.

### Coefficient de vitesse des réactions dans la masse d'eau et aux parois

Voir le Chapitre 6.

## Saisir les propriétés des bâches infinies

Nous aborderons ici les cas fréquents dans un contexte de Coopération. Pour les autres, référez-vous aux manuels correspondants.

| Bâche 1 | |
|---|---|
| Propriété | Valeur |
| *ID Bâche | 1 |
| Coordonnée X | -1341.10 |
| Coordonnée Y | 9448.42 |
| Description | |
| Genre | |
| *Charge Totale | 60.40 |
| Courbe Modul. Charge | |
| Qualité Initiale | |
| Qualité de Source | |
| Débit Net d'Entrée | -12.02 |
| Charge | 60.40 |
| Pression | 0.00 |
| Qualité | 0.00 |

### Charge totale

C'est la hauteur à laquelle se trouve la surface de l'eau. Dans certains cas, définir cette valeur nécessite de prendre un autre élément en compte, voir « modéliser un forage ».

### Qualité initiale et qualité de source

Voir le Chapitre 6.

## Saisir les propriétés des réservoirs

Nous allons prendre pour exemple un des réservoirs les plus utilisés dans les contextes d'urgence, un T95 d'Oxfam. C'est un réservoir de 3 mètres de hauteur et de 6.4 mètres de diamètre ; la sortie de l'eau est située à 20 centimètres du sol et le déversoir à 2.8 mètres.

| Réservoir 2 | [x] |
|---|---|
| Propriété | Valeur |
| *ID Réservoir | 2 |
| Coordonnée X | -1081.17 |
| Coordonnée Y | 8233.69 |
| Description | |
| Genre | |
| *Altitude du Radier | 231 |
| *Niveau Initial | 1.4 |
| *Niveau Minimal | 0.2 |
| *Niveau Maximal | 2.8 |
| *Diamètre | 6.4 |
| Volume Minimal | |
| Courbe de Volume | |
| Modèle de Mélange | Parfait |
| Fraction de Mélange | |
| Coeff. de Réaction | |
| Qualité Initiale | |
| Qualité de Source | |
| Débit Net d'Entrée | 0.05 |
| Altitude Surface | 10.00 |
| Niveau | 10.00 |
| Qualité | 0.00 |

## Altitude du radier

Ce champ correspond à la hauteur à laquelle se situe la base du réservoir. Elle sert de référence pour les autres composants du réseau. Prenons par exemple 231 mètres.

## Niveau initial

Il correspond à la hauteur initiale du réservoir. S'il est à moitié plein : 1.4 mètre.

## Niveau minimal

Le niveau minimal renvoie à la hauteur relative de la sortie de l'eau pour la distribution. A ne pas confondre avec le déversoir ou la sortie de réserve d'incendie. Dans le cas du T95, il est 0.2 mètre.

## Niveau maximal

Il correspond à la hauteur relative du déversoir. Dans notre cas, 2.8 mètres.

## Diamètre et « arrondi » de réservoirs rectangulaires

EPANET suppose que tous les réservoirs sont circulaires. Bien que les réservoirs se modélisent comme s'ils étaient cylindriques, en réalité, pour une immense majorité d'entre eux, ils sont rectangulaires… Aïe ! Pour dépasser cette difficulté, nous utilisons ce que l'on appelle le « diamètre équivalent », qui n'est autre que le diamètre du cercle qui possède la même surface que notre réservoir.
Le plus simple est de prendre un exemple :

Un réservoir de 8 × 12 m de côté possède une surface de 96 m². Il s'agit dans ce cas de trouver le diamètre du cercle d'une surface de 96 m². L'équation à poser est :

$$96\,m^2 = \frac{\Pi * D^2}{4}$$ Le diamètre équivalent à introduire est 11.05 m.

La formule générique , A étant la largeur et B la longueur, est : $D = 2\sqrt{\dfrac{AB}{\Pi}}$

## Volume minimal

Vous pouvez ignorer ce champ. Il permet de calculer le mélange avec le volume résiduel quand les réservoirs ont une forme peu commune.

## Courbe de volume

Elle est utilisée pour les réservoirs de diamètre variable afin de calculer le volume en fonction de la hauteur. Les réservoirs à diamètres variables sont ceux de forme conique, sphérique, etc.

## Modèle de mélange

Il y a 4 modèles de mélanges, le premier étant le plus fréquent :

1. **Mélange parfait.** Le mélange est complet et instantané. C'est l'idéal pour les systèmes où le réservoir est rempli entièrement puis vidé. C'est un cas fréquent en Coopération car la manière la plus pratique de chlorer l'eau est de remplir complètement le réservoir, calculer la dose de chlore nécessaire et attendre qu'il agisse avant de permettre sa distribution.

2. **Mélange en 2 compartiments.** Peu commun. Référez-vous aux manuels pour plus de détails.

3. **Piston LIFO.** On considère que l'eau ne se mélange pas, que la première à sortir est la dernière à entrer. Peut servir pour modéliser des réservoirs d'épuration.

4. **Piston FIFO.** Consulter le manuel d'EPANET si vous êtes amené à l'utiliser.

## Fraction de mélange

Ce champ permet d'établir la zone du réservoir où se produit le mélange. Consulter le manuel d'EPANET pour plus de détails.

## Coefficient de réaction, qualité initiale, qualité de source

Voir Chapitre 6.

## Les vannes

Les vannes d'arrêt et les clapets anti-retour se modélisent via les propriétés du tuyau sur lequel elles sont implantées. Il n'existe pas d'objet pour les représenter mais un champ est prévu à cet effet comme sur le montre l'image de droite. Pour simuler la fermeture d'une tuyauterie ou introduire un clapet anti-retour, vous devez modifiez le champ *Etat initial* en sélectionnant *Ouvert, Fermé* ou *Clapet A-R* (anti-retour) qui ne permettra au flux de ne circuler que dans un seul sens.

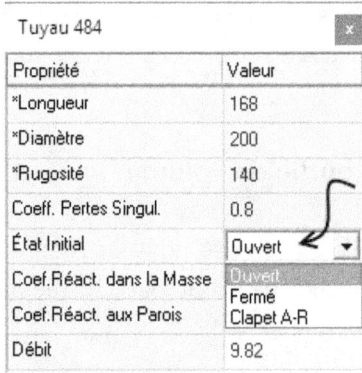

Selon moi, dans la majorité des cas, les autres types de vannes sont à éviter car ce sont des composants fragiles et chers. Une vanne stabilisatrice amont de 200 mm coûte environ 3500 €. En considérant le peu de familiarité avec ce type d'éléments et leur probable absence du marché local, ce sont des vannes qui ne seront probablement pas remplacées en cas de panne. L'utilité d'une pompe immergée n'est plus à prouver, même pour des profanes, elles sont disponibles partout et sont connues de tous, et pourtant… Combien de systèmes ont dû être abandonnés par manque de moyens ?

Si ces vannes ne seront pas remplacées, le mieux est d'éviter de les intégrer à votre schéma :

- Vanne stabilisatrice amont. Elle empêche que la pression en amont chute sous un seuil donné.
- Vanne stabilisatrice aval. Elle réduit la pression en aval sous un seuil donné. Elle s'utilise parfois pour modéliser un bassin brise-charge, voir la partie « Modéliser un bassin brise-charge ».
- Vanne régulatrice de débit.
- Vanne de régulation. Elle est partiellement ouverte, comme les vannes papillons.
- Vanne brise-charge. Il génère une chute de pression.

Si malgré tout vous décidez d'utiliser une vanne de ce type, les modéliser ne représentera qu'une difficulté mineure que vous pouvez solutionner avec le manuel d'EPANET.

# Les pompes

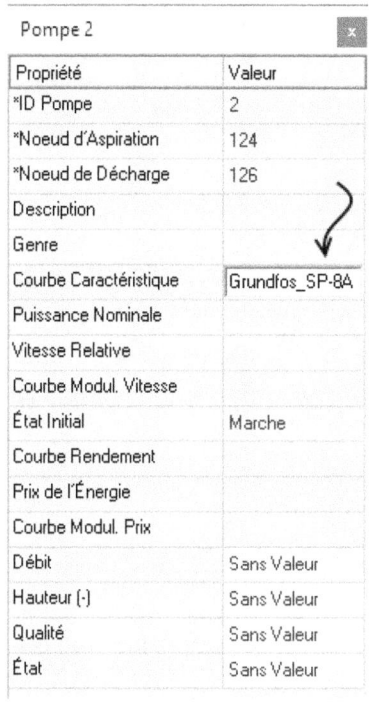

## Nœud d'Aspiration

C'est le point d'entrée de l'eau dans la pompe.

## Nœud de décharge

C'est le point où la pompe refoule l'eau. Souvenez-vous:

## Courbe caractéristique

C'est la courbe qui représente la hauteur de pompage par rapport au débit. Elle est propre à chaque pompe.

Si vous n'êtes pas familiarisé(e)s avec ce type de courbe il serait opportun que vous vous vous renseigniez sur le fonctionnement des pompes ou bien que vous fassiez une recherche sur internet. La courbe caractéristique est la courbe principale qui permet de comprendre comment fonctionne une pompe. Sur le graphique de droite, nous avons représenté les 3 principales courbes qui caractérisent le fonctionnement d'une pompe : la courbe caractéristique, la courbe de rendement et celle de succion (NPSH) pour les pompes de surface.

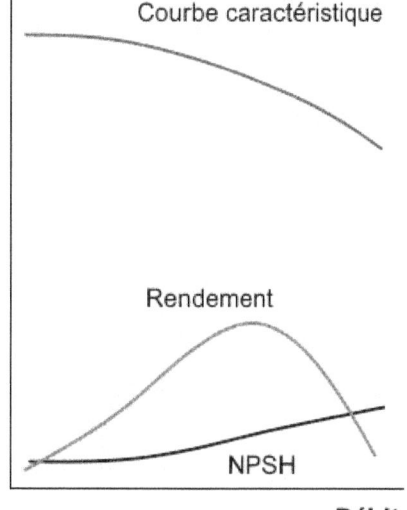

Dans ce champ, vous devez saisir le nom de la courbe que vous aurez créée en fonction des informations du fabricant. Pour construire la courbe d'une pompe, procédez de la même manière que pour les courbes de volume des réservoirs que nous avons vu précédemment. Assurez-vous de sélectionner *Caractéristiques* dans le champ *Type de courbe* et de renseigner les champs *Débit* et *Hauteur*.

### Puissance nominale (kW)

Cette propriété est utile lorsque vous ne connaissez pas les caractéristiques de la pompe. Dans tous les autres cas, le champ est laissé en blanc. Dans la phase de conception d'un réseau, ce cas ne devrait pas se présenter car c'est vous qui choisissez la pompe, mais c'est très utile pour les forages existants quand on ne connaît pas la pompe installée à l'intérieur.

### Courbe de modulation de vitesse

EPANET peut également modéliser des pompes à vitesse variable, comme les pompes solaires, en utilisant ce paramètre.

### Courbe de rendement

Voir au Chapitre 8 la section « Utiliser EPANET pour définir la consommation énergétique ».

### Prix de l'énergie et courbe de modulation des prix.

Idem.

## Modéliser une pompe

Le type de pompe (centrifuge, horizontale, immergée) n'aura pas d'influence sur la simulation réalisée par EPANET si l'entrée de la pompe reçoit de l'eau en quantité suffisante sans qu'il y ait d'entrée d'air.

## Modéliser une pompe en particulier

Si vous connaissez la pompe qui est installée ou si vous savez quelle pompe vous allez installer (vous pouvez la dimensionner avec les logiciels des fabricants), voici la procédure à suivre. Nous allons prendre pour exemple la pompe Grundfos CH 8-30 qui pompera de l'eau depuis un puits peu profond jusqu'à un réseau constitué de 4 nœuds et situé à 2 kilomètres.

1. Dessinez une bâche et, près de celle-ci, ajoutez un **nœud « fantôme »** (peu importe où).

Avec EPANET, la pompe intègre déjà le tuyau sur lequel est installée. Cependant, elle ne vous permet pas de saisir les paramètres de ce tuyau, en d'autres termes, elle ne prendra pas en compte, par exemple, les pertes de charge de ce dernier. Vous pourriez alors, une fois le réseau construit, vous rendre compte que l'eau n'arrive pas au point désiré ! **Ajoutez toujours un nœud fantôme supplémentaire afin de pouvoir représenter le tuyau qui part de la pompe.**

2. Dessinez la pompe comme si c'était un tuyau, en cliquant sur la bâche d'où elle puise l'eau puis sur le nœud fantôme. Dans EPANET, les pompes prennent la forme d'un canon. Installez la pompe de manière à ce que le « canon » lance les projectiles dans la direction de l'eau. Le pompage ira dans le sens des **projectiles tirés par le « canon »** auquel ressemble la pompe dans EPANET, comme sur l'image ci-dessous :

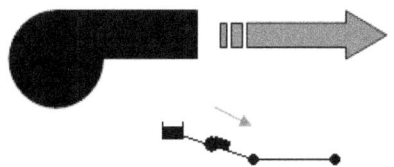

**3.** Ajouter un tuyau depuis le nœud "fantôme" jusqu'à votre réseau. La longueur de ce tuyau est de 2 kilomètres. Vous obtiendrez le schéma suivant :

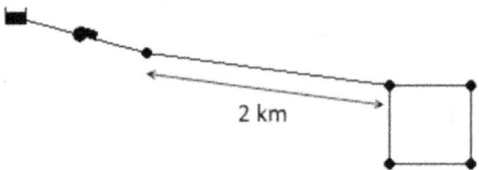

**4.** Vous devez maintenant saisir les courbes de hauteur et de débit qui correspondent à votre pompe. Allez dans la fenêtre de *Navigation* et dans l'onglet *Données*, puis sélectionnez *Courbes*. Dans la boîte de dialogue qui s'affiche, saisissez un nom pour reconnaître la pompe dans le champ *ID Courbe*, par exemple CH 8-30, et sélectionnez *Caractéristique* dans *Type de courbe*. Vous pouvez également précisez des détails sur la pompe dans le champ *Description :*

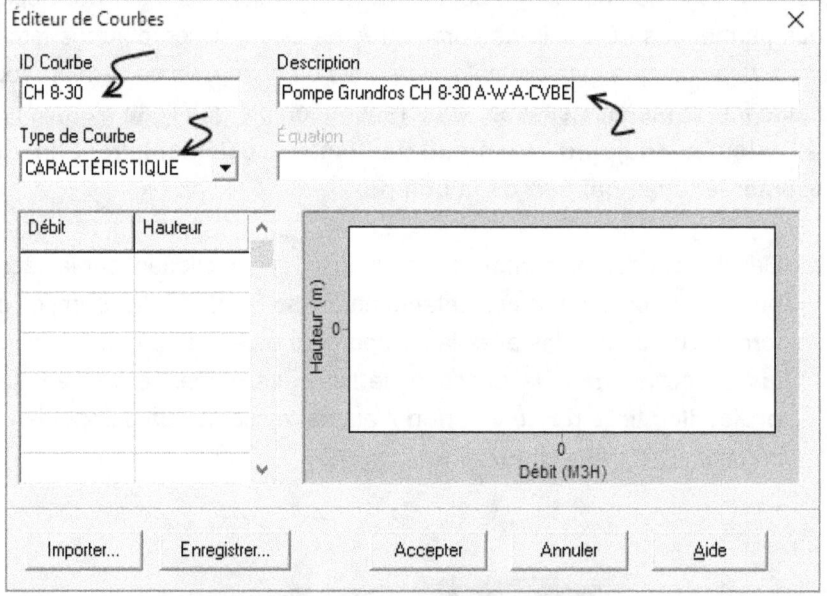

**5.** Prenez les courbes fournies par le fabricant et, comme sur l'exemple ci-dessous, identifiez 4 points à égale distance les uns des autres sur le segment de la courbe où le rendement de la pompe est le plus élevé.

Dans cet exemple, nous prendrons les points suivants :

(4 m³/h , 28 m)  ; (6 m³/h , 25 m)  ; (8 m³/h , 21 m) ;  (10 m³/h , 16 m)

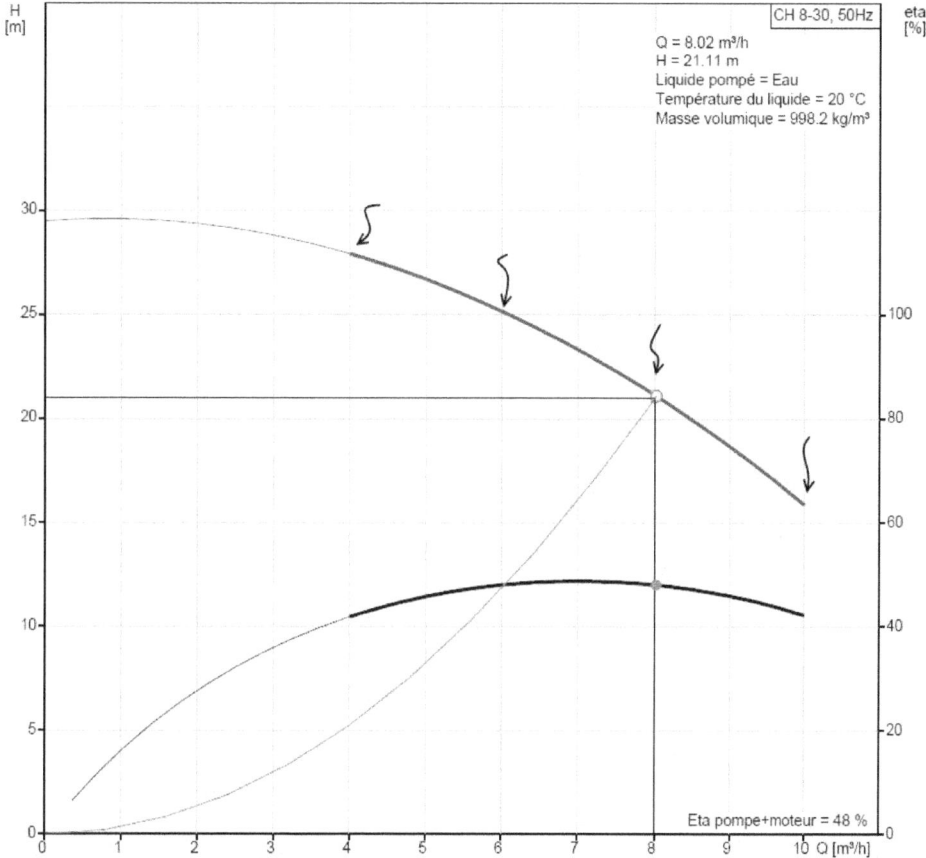

Convertissez ces valeurs en l/s pour travailler avec les mêmes unités qu'EPANET. Vous obtenez :

(1.11 l/s , 28 m) ; (1.66 l/s , 25 m) ; (2.22 l/s , 21 m) ; (2.78 l/s , 16 m)

Saisissez ensuite ces valeurs par ordre croissant de débit dans les colonnes *Débit* et *Hauteur* de la boîte de dialogue :

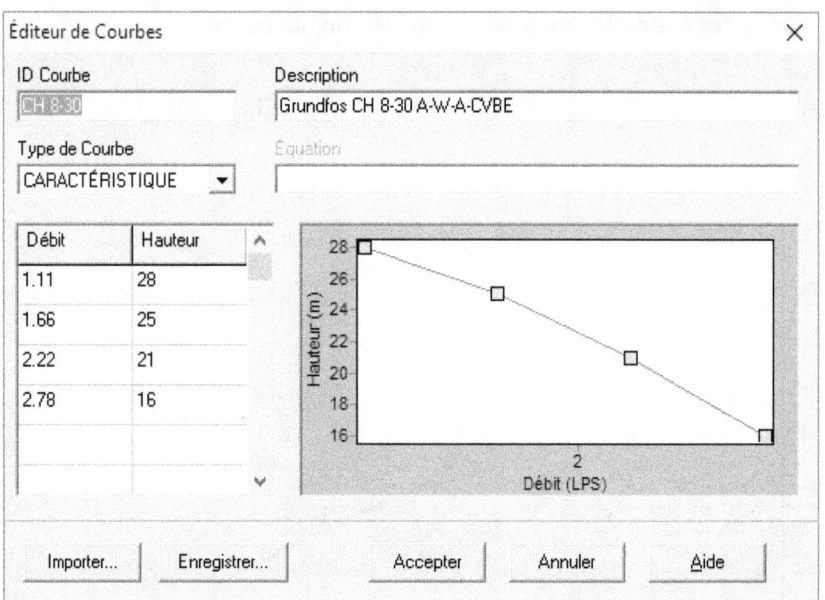

Si vous disposez d'informations suffisantes, il est très important de **construire cette courbe à partir d'au moins 4 points différents.** Observez comment la courbe créée à partir d'un seul point est différente de la précédente :

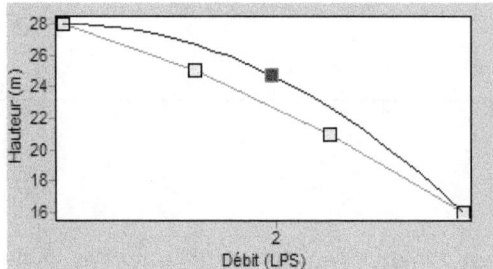

6.  Enfin, pour qu'EPANET prenne en compte la courbe que vous venez de créer, cliquez sur la pompe et saisissez le nom de la courbe dans le champ *Courbe Caractéristique*, soit CH 8-30 dans cet exemple.

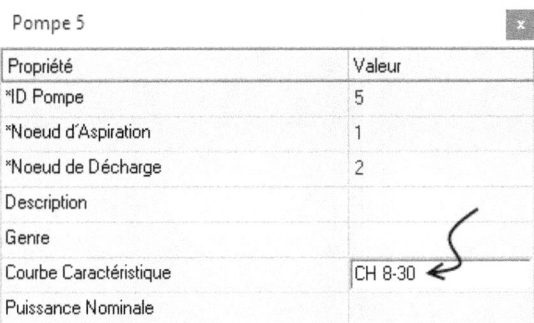

## Si vous ne connaissez pas la pompe qui sera installée :

1. Créez une courbe caractéristique à partir d'un seul point en saisissant le débit désiré et la différence de hauteur entre les surfaces des eaux d'origine et de destination.

2. Pour dimensionner la pompe, il s'agit ensuite de modifier ces valeurs (*Débit* et *Hauteur*) jusqu'à parvenir à une solution satisfaisante ou simplement de calculer le point de fonctionnement à la main.

3. Une fois ces valeurs établies, recherchez auprès des fabricants la pompe la plus efficace pour pomper l'eau jusqu'au point obtenu.

4. A partir des données fournies par le fabricant pour cette pompe précise, créez une courbe à partir d'au moins 4 points comme expliqué précédemment et vérifiez que le réseau fonctionne correctement.

## Modéliser un forage

Pour modéliser un forage, vous allez procédez comme dans la partie précédente, exception faite de la hauteur de la bâche qui se calcule différemment. Lorsque vous pompez de l'eau depuis un aquifère, vous créez un cône de dépression. La hauteur de la bâche sera égale à la hauteur de la tête du forage moins la hauteur du niveau dynamique de l'eau. Par exemple, si le forage est situé à une altitude de 100 mètres et que le niveau de l'eau après pompage descend jusqu'à une profondeur de 70 mètres depuis la tête du forage, alors le niveau de l'eau se situera à 100 m – 70 m = 30 m. C'est cette même valeur que vous saisirez pour la hauteur de la bâche.

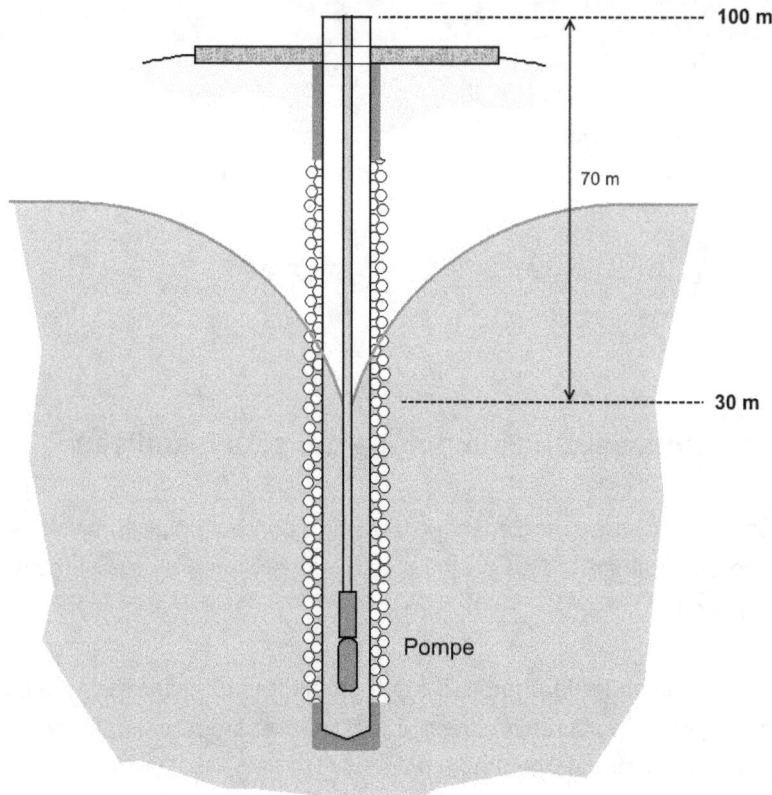

Une erreur fréquente est de considérer la hauteur à laquelle est installée la pompe. **La profondeur à laquelle est installée la pompe importe peu.** Relever de l'eau dans de l'eau ne suppose pas d'effort. C'est seulement quand il faut relever l'eau dans l'air que la pompe travaille. Pour visualiser ce concept, plongez un sac d'eau dans un récipient lui aussi rempli d'eau. Vous constaterez que ce n'est que lorsque vous essayerez de sortir le sac hors de l'eau que vous fournirez un effort.

N'oubliez pas de **prendre en compte la tuyauterie à l'intérieur du forage**, c'est-à-dire celle qui part de la pompe et propulse l'eau à l'extérieur du forage. Comme le diamètre des tuyaux est généralement différent à l'intérieur et à l'extérieur du forage, il est probable que vous ayez deux sections de tuyaux.

Observer le schéma ci-dessous qui représente un réseau dont la pompe, installée à 175 mètres de profondeur, est connectée à un premier tuyau de 75 mm de diamètre, puis raccordée à la sortie du forage à un deuxième tuyau de 150 mm de diamètre et 2200 mètres de longueur :

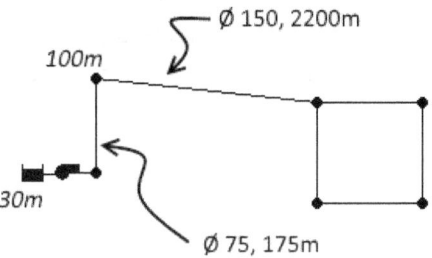

▶ https://youtu.be/tv-RBMr2VHc   (Modeling a borehole)

## Modéliser une source d'eau

La clef pour modéliser une source est d'atteindre un débit constant. Malheureusement, si vous connectez directement le réseau à :

- Une bâche, le débit qui circulera sera celui demandé par le réseau et non celui de la source.
- Un nœud avec une demande négative (par exemple, - 2 l/s), le débit sera invariablement de 2 l/s sans tenir compte de la pression dans le réseau ce qui faussera les résultats.
- Une vanne régulatrice de débit, EPANET ne simule pas leur comportement de manière fiable pour cette application.

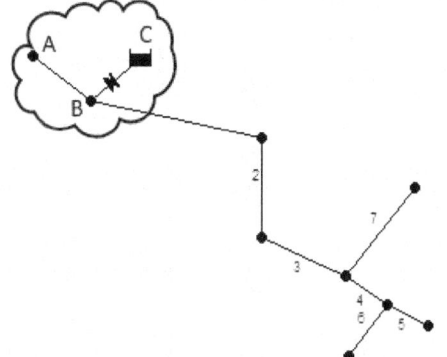

La solution consiste à installer un nœud avec une demande négative (A), une bâche (C) et un nœud de connexion (B), comme indiqué sur le schéma à droite. La source est représentée par l'ensemble des éléments inclus dans le nuage. Pour la modéliser, la procédure à suivre est la suivante :

1. Dessinez les nœuds A et B, ainsi que la bâche C. Ces trois éléments devront avoir la même altitude, celle de la source que vous êtes en train de représenter, par exemple, 326 mètres. Indiquez, pour le nœud A, la demande, correspondant au débit de la source, **en négatif**. Si la source possède un débit de 2.34 l/s, alors vous introduirez « - 2.34 l/s » dans le champ *Demande de base*.

2.  Connectez les nœuds A et B avec un **tuyau fantôme** (c'est-à-dire avec un diamètre très grand et une longueur qui n'affectera pas le comportement du réseau, par exemple, 1 mètre de diamètre et 1 mètre de longueur).

3.  Dessinez un autre tuyau fantôme pour relier les points B et C. Dans cet ordre ! Et ajoutez un clapet anti-retour. L'eau doit pouvoir entrer dans la bâche mais non en sortir, afin que cette dernière ne se décharge pas dans le réseau.

▶ https://youtu.be/-KU43lo3ZAs     (How to model a spring)

## Modéliser un bassin brise-charge

Dans les régions de montagne, dissiper la pression liée à des hauteurs élevées peut s'avérer indispensable. Dans ces cas-là, une vanne brise-charge ou une vanne stabilisatrice aval peut être remplacée par un bassin brise-charge bien plus robuste et économique. Le schéma ci-dessous représente un bassin brise-charge. Le principe est simple. Il s'agit d'ouvrir le tuyau et de créer un contact avec l'atmosphère, sans générer de fuite, pour que la pression du réseau chute à 0.

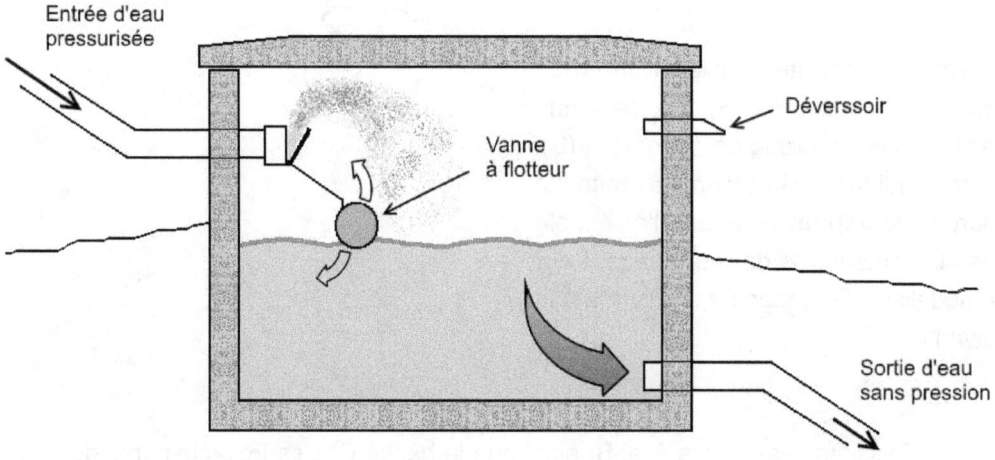

Pour modéliser un bassin brise-charge :

1.  Calculez son emplacement et sa hauteur pour qu'il n'y ait pas d'excès de pression au sein de votre réseau et dessinez 2 nœuds fantômes en saisissant l'altitude désirée. Ils représentent l'entrée et la sortie du bassin.

2.  Dessinez une vanne réductrice de pression et saisissez la valeur « 0 » dans le champ *Consigne.* Le diamètre doit être au minimum égal à celui de la tuyauterie. Le sens est important. Dessinez-la depuis le nœud situé au-dessus vers le nœud situé en dessous pour éviter les erreurs.

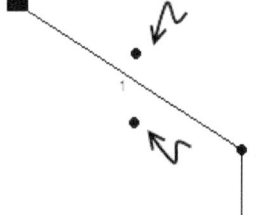

3.  Sectionnez le tuyau existant en deux tuyaux distincts, comme sur le schéma, en précisant la longueur de chacun d'entre eux en fonction de l'emplacement du bassin brise-charge.

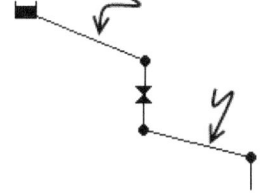

Sur le schéma ci-dessous, vous pouvez observer le comportement d'un réseau au Lesotho, où l'eau arrive au niveau du bassin avec une pression de 83.69 m et en sort avec une pression égale à zéro.

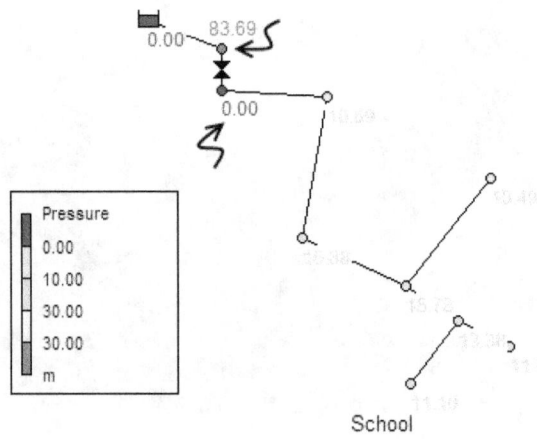

https://youtu.be/NwpRnu09X-Q          (How to model a break pressure tank)

## Squelettisation

Un modèle qui intégrerait absolument tous les composants serait très cher et laborieux à concevoir, impossible à entretenir et l'interpréter constituerait un défi. La squelettisation est un processus qui vise à éliminer les tuyaux qui contribuent de manière peu significative au comportement du réseau. Les deux images ci-dessous représentent le même réseau, l'une comprend tous les éléments de ce dernier et l'autre est simplifiée afin de pouvoir analyser le comportement des nœuds principaux. Dans cette squelettisation extrême, il a été considéré que tous les éléments supprimés n'influaient que faiblement sur l'analyse des principaux nœuds du réseau.

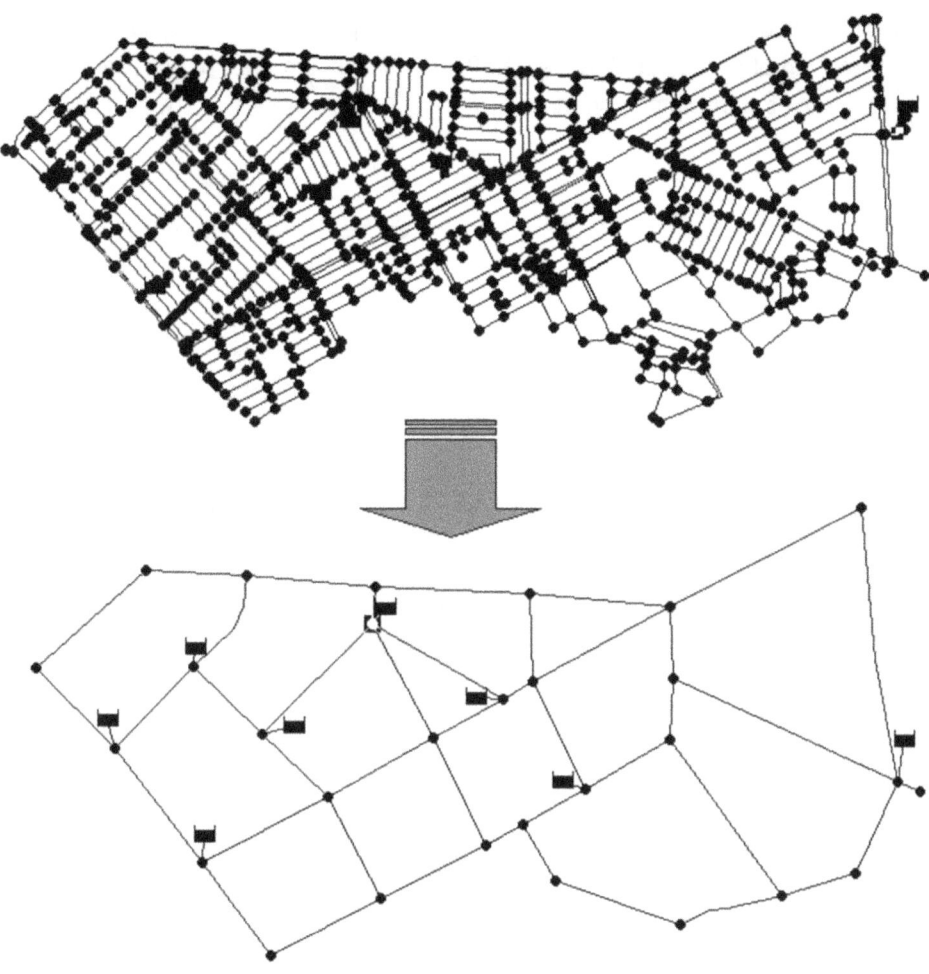

En Coopération, les modèles sont en général relativement simples et on élimine seulement les détails qui ne sont réellement pas nécessaires. Voici trois cas précis :

- Les raccordements domiciliaires ;
- Les installations intérieures de chaque usager ;
- Le branchement détaillé de certains accessoires.

De la sorte, vous simplifierez le réseau de façon significative et je pense que tous les besoins des systèmes communs seront ainsi couverts sans risques. Si, néanmoins, vous avez besoin de simplifier davantage votre réseau, vous pouvez consulter des manuels sur le sujet, lancer une simulation et observer ce qu'il se passe ou bien utiliser un logiciel spécialisé et cher comme Skelebrator ou optiSkeleton.

Bien souvent, la squelettisation n'implique pas une perte d'information mais son insertion dans des éléments déjà existants. Par exemple, le groupe d'accessoires sur l'image ci-dessous serait simplement représenté par 3 tuyaux incluant les pertes de charges correspondant aux différents composants.

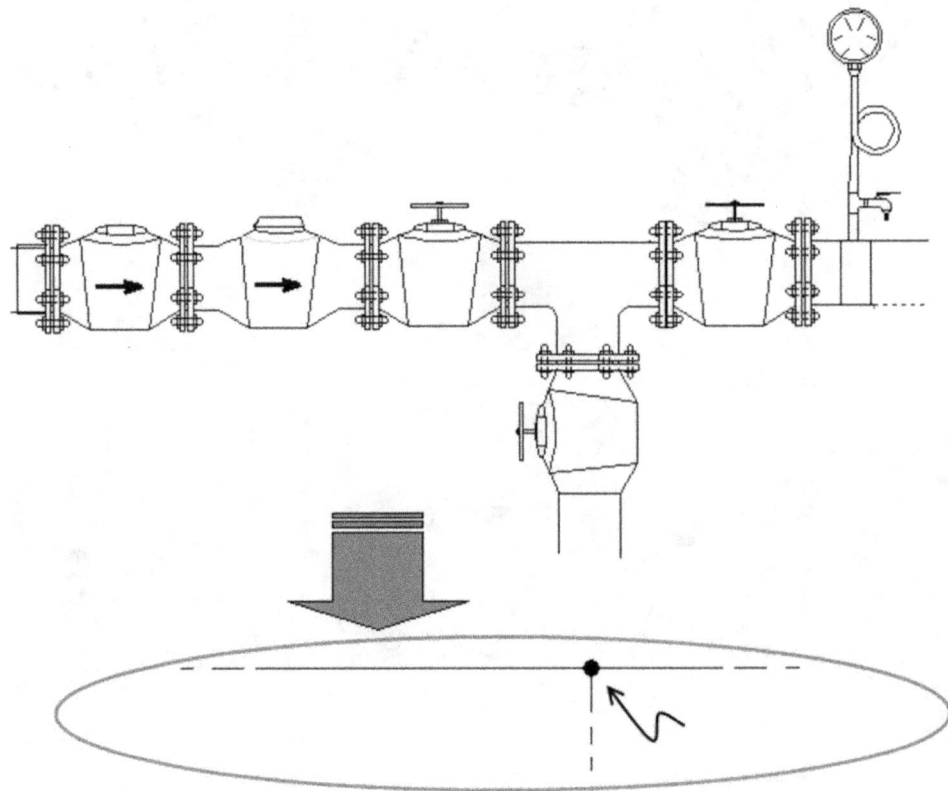

## Éviter de faire des erreurs spectaculaires

J'ai laissé cela pour la fin du chapitre dans l'espoir de le rendre plus frappant. Les tentations de succomber à ces deux points sont énormes, car ils impliquent a priori des systèmes beaucoup moins chers, mais sans aucune viabilité. Si vous ne voulez pas vous arracher les cheveux, respectez ces consignes :

**Diamètre minimum : 63 mm**

À l'exception des raccordements domestiques, **n'installez en aucun cas des tuyaux de moins de 63 mm**. Vous verrez que cela est également important pour faciliter le calcul des systèmes plus tard et presque fondamental pour utiliser les programmes de calcul mais les raisons ici sont différentes.

**Les tuyaux de petit diamètre sont très traîtres**. Ils se bloquent très facilement avec l'air ou les sédiments. Ils sont très sensibles aux petites variations de diamètre. Ils ne permettent pas d'extensions ou de corrections futures. Ils ne tolèrent pas la moindre erreur ou d'imprévu dans le calcul et ils ne transportent pas de flux pour se protéger contre l'incendie. Si, comme dans un certain projet, 5 km de tuyaux de 25 mm sont installés, vous savez qu'après quelques mois, ils seront bloqués. Allez ensuite chercher au beau milieu de la forêt tropicale où ils sont coincés !

## Pression nominale minimum : PN10

N'installez pas de tuyauterie de moins de 10 bars, quelle que soit la pression dans le calcul. Et 10 bars c'est déjà tiré vers le bas. La plupart des services des eaux installent directement le PN16, car ils savent que les coûts de réparation des fuites et des dommages aux infrastructures voisines sont beaucoup plus élevés. Installez du PN16 ou du métal sous les routes et autres endroits critiques.

La raison en est que les tuyaux ne résistent pas seulement à la pression interne de l'eau, mais aussi à la pression du sol, aux contraintes dues aux changements thermiques, au poids des véhicules et aussi à celui des girafes, des buffles d'eau et d'autres animaux lourds. Et lorsqu'ils sont installés et transportés, les tuyaux finissent par présenter des marques d'outils qui les affaiblissent. Une autre raison fondamentale est que les tuyaux avec un anneau inférieur, par exemple, PN6, sont destinés à l'agriculture, et bien qu'ils soient adaptés à la consommation humaine comme on vous le dira, ils sont conçus pour des demi-vies en laboratoire beaucoup plus courtes, 25 ans, que celles des produits destinés à la consommation humaine, 100 ans.

Mais 25 ans, c'est une illusion, si vous installez ces tuyaux, vous aurez des problèmes dans quelques semaines ou quelques mois.

# CHAPITRE 5

# Charger le modèle

## Introduction

Déterminer la consommation en eau de la population à servir et la saisir dans EPANET **est une étape fondamentale pour laquelle il est difficile de disposer d'informations sûres**. Acceptez avec sérénité que votre schéma ne puisse pas toujours se fonder sur des données solides. Il s'agit de travailler avec de bonnes hypothèses de départ.

Une fois que vous avez déterminé la consommation de la population, le modèle doit être conçu pour être capable de fonctionner correctement à l'heure du jour de l'année de plus grande consommation pour la population future, c'est-à-dire, qu'il se conçoit pour l'heure de pointe maximale. De cette manière, le réseau sera légèrement surdimensionné, mais les avantages que cela implique méritent bien un investissement un peu plus élevé. La philosophie sous-jacente de cette méthode est que, si le système est capable de pourvoir le service nécessaire au moment le plus défavorable, il sera également capable de le faire pour tous les autres.

**La demande** est la consommation d'une personne, d'un commerce, d'une usine, etc. Pour pouvoir comparer les données et les modifier rapidement, on part de la demande moyenne par heure à laquelle seront appliqués différents **multiplicateurs** ou coefficients permettant de prendre en compte les variations quotidiennes, hebdomadaires, mensuelles, etc.

En plus de leurs valeurs en soi, **la distribution spatiale des demandes est capitale**. A la fin de ce chapitre, vous trouverez la description des différentes techniques pour affecter les demandes à chaque nœud.

Deux éléments ont une importante conséquence au niveau social : la demande en cas d'incendie et la durée de vie du réseau. L'un comme l'autre impliquent d'importants investissements qui pourraient être utilisés pour résoudre d'autres problèmes rencontrés par la population, comme par exemple, l'éclairage public ou une campagne de vaccination. Il s'agit de trouver le compromis qui permet d'éviter de suivre aveuglément les standards occidentaux.

**La demande que vous planifiez est une prophétie qui s'auto-accomplira**. Si vous avez conçu correctement votre réseau, ce que vous avez planifié pour la population correspondra à ce qu'ils vont recevoir. Assurez-vous que la quantité d'eau prévue par personne est adaptée à la population future.

 https://youtu.be/HaUFU9Pm1Uc          (Design overview)

## Population actuelle et population future… Aïe !

Lorsque l'on planifie un réseau, on prend en compte la population projetée des années plus tard, généralement à 30 ans. Pour estimer la population future, on utilise des formules qui permettent de se projeter dans le temps en fonction de son taux de croissance comme vous pouvez l'observer dans le graphique ci-dessous. Si en 2011, la population était de 90 000 habitants, en 2036, elle sera d'environ 230 000 habitants si l'on applique la formule géométrique.

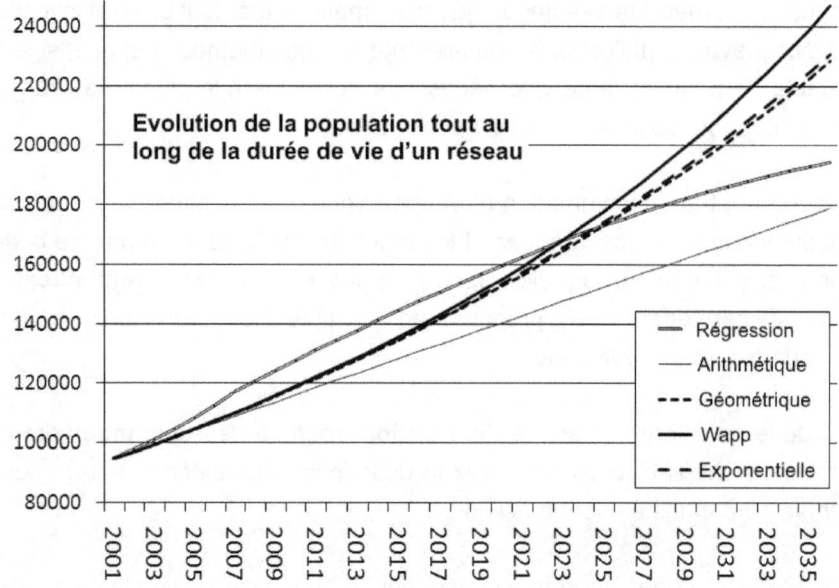

Hélas, les choses ne sont pas toujours aussi simples et c'est ici que commencent les questions difficiles, comme :

- Est-il juste de répondre aux nécessités d'une population qui sera là 30 ans plus tard même si cela implique de ne pas répondre à certaines nécessités actuelles ?

- Si le réseau est conçu sans prendre en compte la population future, il sera obsolète avant même d'avoir pu être amorti. Mais s'il finit par être trop grand, ne courre-t-on pas le risque que la population ne puisse l'entretenir ?

Il n'y a pas de réponse définitive à ces questions, mais il y a des différentes manières de les aborder. Voici quelques pistes:

1. **Concevez des réseaux facilement extensibles**. Ceci implique généralement de privilégier les grands anneaux plutôt que des tracés arborescents et ne pas y installer des tuyaux inférieurs à 100 mm. Comme vous pouvez le voir sur le graphique ci-dessous, les frais d'installation sont proportionnellement très élevés pour des tuyaux de petits diamètres et il est préférable d'installer des tuyaux plus larges pour un faible coût additionnel.

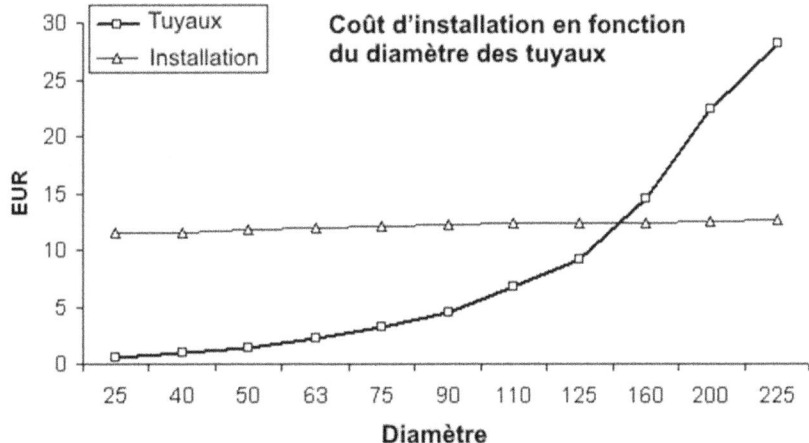

2. **Privilégiez les tuyaux en plastique** dans les réseaux à fort potentiel de croissance. En comparaison avec les tuyaux en métal, le coût des tuyaux en plastique augmente peu en fonction du diamètre. Une fois assumé le coût de l'ouverture des tranchées et des matériaux pour les refermer, installer des tuyaux plus grands ne suppose pas un coût beaucoup plus important (voir Chapitre 8).

3. Pour les zones urbaines, **utilisez une valeur de densité maximale** au lieu des projections de population. Si la population aux alentours ne tolère pas

une densité supérieure à X habitants par km², la population à raccorder reviendra au produit de la zone d'intervention par la densité, par exemple :

$$8 \text{ km}^2 \times 1650 \text{ personnes / km}^2 = 13\ 200 \text{ personnes}$$

4. **Planifiez la construction en deux phases**. En vous basant sur les tarifs prévus, vous pourrez déterminer le nombre d'années nécessaires pour économiser l'argent suffisant permettant de financer une extension du réseau ultérieure (seconde tranche). Un exemple très simple : si les recettes nettes pour l'entreprise gestionnaire sont de 10 000 €/an et que vous avez besoin d'un investissement de 120 000 € additionnels pour pouvoir adapter le réseau aux nécessités prévues à 30 ans, prévoyez la construction de votre réseau sur une projection à 12 ans au minimum. Il est conseillé de prévoir quelques années supplémentaires de marge.

## Formules de projection

Arithmétique:  $P_f = P_o \left( 1 + \dfrac{i * t}{100} \right)$

Géométrique :  $P_f = P_o \left( 1 + \dfrac{i}{100} \right)^{t}$

Exponentielle :  $P_f = P_o * e^{\left( \dfrac{i * t}{100} \right)}$

$P_f$, Population future
$P_o$, Population actuelle
i, Taux de croissance en %
t, Durée du réseau en année
e, Coefficient e = 2.718

A titre d'exemple, le tableau suivant, extrait de la Normative Bolivienne NB689, propose des recommandations pour l'application des différentes formules.

| Formules | Population (habitants) | | | |
|---|---|---|---|---|
| | Jusqu'à 5 000 | 5 000 – 20 000 | 20 000 – 100 000 | > 100 000 |
| Arithmétique | X | X | | |
| Géométrique | X | X | X | X |
| Exponentielle | X[2] | X[2] | X[1] | X |
| Courbe logistique | | | | X |

[1]Optionnelle, recommandée
[2]Sous réserve de justification

https://youtu.be/HaUFU9Pm1Uc    (Design overview)

# Calcul de la demande totale journalière

Nous allons maintenant voir comment intégrer la demande journalière qu'EPANET utilisera comme référence. Vous ne serez capable de saisir les valeurs de demande que lorsque vous arriverez à la fin de la section « Coefficient total ». Vous pourrez alors renseigner les paramètres suivants :

1. Demande de base
2. Courbe de modulation
3. Type de demande

Il n'y a pas de recettes rapides pour calculer la demande d'une population donnée. Cela peut varier beaucoup d'une population à une autre, en fonction des conditions et vous devrez faire preuve de sens commun, surtout au moment de la distribuer spatialement. S'il existe déjà un réseau dans les environs, vous pourrez vous faire une idée, mais attention, les données existantes ne sont pas toujours correctes. Dans les situations d'urgence, par exemple, les données sont souvent manipulées pour amadouer les bailleurs ou bien le système pris pour modèle est loin de fonctionner correctement. Dans un contexte normal, les données sont en grande partie méconnues ou fondées sur la quantité d'eau produite et non la quantité consommée. A titre indicatif, le tableau suivant présente les quantités minimales généralement utilisées. J'insiste, ces quantités correspondent à l'eau reçue par la population, et non pas à la production d'un puits, d'un forage, etc.

| Consommation minimale (l/p.) | |
|---|---|
| Habitant zone urbaine | 50-100 |
| Ecolier | 5 |
| Patient ambulatoire | 5 |
| Patient hospitalisé | 60 |
| Ablution | 2 |
| Chameau (une fois par semaine) | 250 |
| Chèvre, mouton | 5 |
| Vache | 20 |
| Cheval, mule, âne | 20 |

Le coût doit être abordable pour les familles (maximum 3 à 5 % du revenu familial).
Un type de consommation à prendre en compte pour éviter de mauvaises surprises est celle des **jardins potagers**. Les espèces typiques consomment autour de 5 mm/m². 1 mm/m² est égal à 1 l/m², un petit jardin potager de seulement 20 m² consommera déjà 100 litres par jour. Si posséder un jardin potager est une pratique répandue, elle peut représenter une partie considérable de la consommation totale.

En pratique, nous essaierons de fournir la plus grande quantité d'eau :

- Qui ne génère pas de problèmes environnementaux (surexploitation, eaux stagnantes…) ;
- Que la population est disposée à payer ;
- Qui possède un coût ajusté à l'économie locale.

**Attention, la valeur obtenue n'est pas celle que vous saisirez comme demande de base,** ce n'est seulement qu'un point de départ pour la calculer.

En résumé, si j'ai 2 chèvres, 3 habitants dans une zone rurale et un âne, la demande totale journalière sera de :

$$
\begin{array}{lcl}
2 \text{ chèvres} \times 5 \text{ l/chèvres} & = & 10 \text{ l} \\
3 \text{ personnes} \times 60 \text{ l/ personnes} & = & 180 \text{ l} \\
1 \text{ âne} \times 20 \text{ l/ânes} & = & 20 \text{ l} \\
\hline
& & 210 \text{ l/jour}
\end{array}
$$

## L'effet de la distance

Ce qui suit a un effet dramatique sur la façon dont le système d'eau est conçu. La plupart des manuels de conception des réseaux d'eau supposent que l'eau est fournie directement aux foyers, mais ce n'est pas le cas dans de nombreux contextes de revenus faibles ou moyens. **Même si vous prévoyez 100 litres par personne, si l'eau est éloignée, elle ne sera pas collectée**. Et en disant « loin » : je ne veux pas dire 7 kilomètres, je veux dire 30 m !

Si vous comptiez la quantité d'eau collectée dans une maison en fonction du temps nécessaire pour chaque trajet jusqu'au point d'eau, vous obtiendriez un graphique similaire à celui-ci. Dans la première partie (de 0 à 3 minutes environ), la consommation d'eau chute très rapidement des robinets de la maison à une vingtaine de mètres de distance. Puis vient un plateau où une quantité d'eau constante est collectée quelle que soit la distance. Après avoir utilisé l'eau presque à la volée en fonction de leurs besoins, ils décident de faire un certain nombre de voyages. Peut-être un seau par personne, peut-être juste assez pour remplir les réserves qu'ils ont chez eux. Dans la troisième partie (après 30 minutes), il y a une autre chute. Lorsque la distance dépasse un certain seuil, les gens se contentent simplement de recueillir l'eau en fonction de ce que le permettent le temps et leur force, ce qui est généralement une quantité très faible.

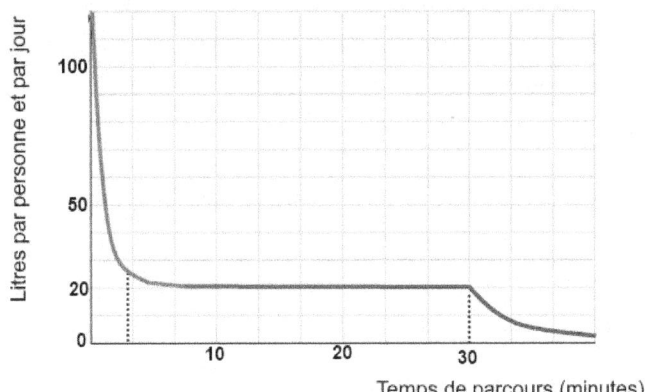

La dernière phase est un échec total, sans retour sur investissement. La partie médiane est difficile à classer.  Pour la rendre visible, pensez à un concept de **perte d'avance social**  analogue à la perte de charge. Même s'ils collectent la même quantité d'eau, plus le voyage est long, plus les bénéfices sociaux du projet sont perdus. Même si la même quantité d'eau est recueillie, des marches plus longues signifient moins de temps pour s'occuper des enfants, aller à l'école ou faire toute autre activité de grande valeur. Les distances plus longues et les dénivelés plus importants entraînent une plus grande dépense calorique. Le lien avec la sécurité alimentaire passe souvent inaperçu, mais dans certains contextes, les **enfants consacrent jusqu'à 25 % de leur apport calorique à la collecte d'eau.**

# Les multiplicateurs

La consommation n'est pas constante. Chaque individu se lève, se couche et part travailler comme bon lui semble. Pour pouvoir prendre en compte ces variations journalières, hebdomadaires et mensuelles de manière commode, on utilise le concept de multiplicateur.

Un multiplicateur est un facteur qui multiplie la consommation moyenne d'une population pour obtenir la consommation réelle dans la frange horaire considérée (par exemple une heure). Ainsi, si la consommation moyenne est de 100 litres/heure et que 50 litres sont consommés entre 12h00 et 13h00, le multiplicateur sera de 0.5 :

| 100 litres | × | 0.5 | = | 50 litres |
|---|---|---|---|---|
| **Demande moyenne** | **×** | **multiplicateur =** | | **Demande réelle** |

L'utilisation de multiplicateurs permet de simplifier et d'automatiser les calculs. Imaginez que vous voulez observer ce qui se passe dans un modèle en le projetant 5 ans dans le futur. Sans multiplicateur, vous devriez ajuster la consommation à chaque heure des 24 heures de la journée pour chacun des calculs. C'est-à-dire, si la consommation augmente de 38.5 %, vous devrez multipliez par 1.385 la consommation de chaque heure de la journée. Si vous avez utilisé des multiplicateurs, vous n'avez qu'à ajuster simplement la consommation moyenne en la multipliant par 1.385 en laissant les 24 heures telles qu'elles sont, vous vous économisez 23 opérations de multiplication.

Nous avons parlé d'utiliser une consommation moyenne. En réalité, vous pouvez utiliser des multiplicateurs par rapport à n'importe quelles données, mais pour la demande, il est plus logique d'utiliser la consommation moyenne. Si vous utilisiez des multiplicateurs pour définir la production par heure d'une pompe, il sera alors plus pertinent d'utiliser le débit pompé (par exemple 8 l/s) quand la pompe est en activité plutôt que le débit moyen par jour. Si la pompe était en activité les huit premières heures du jour :

Les multiplicateurs seraient:    1 1 1 1 1 1 1 1 0 0 0 0 0 0 0 0 0 0 0 0 0 0 0 0
…et les débits:    8 8 8 8 8 8 8 8 0 0 0 0 0 0 0 0 0 0 0 0 0 0 0 0 l/s

Remarquez comme ce système binaire est très visuel : 1 pour « allumé » et 0 pour « éteint ».

## Le modèle de consommation journalier

Vous avez calculé la consommation des usagers par jour mais la manière de consommer l'eau pendant la journée est tout aussi importante que la quantité totale. Le graphique ci-dessous montre la variation de consommation en fonction de l'heure de la journée pour 20 usagers en zone urbaine en Bolivie. Bien que chacun d'entre eux possède un modèle de consommation différent, on observe certaines tendances. Par exemple, la consommation de nuit, de 0h00 à 6h00 est très basse.

Ces tendances se résument dans le **modèle de consommation** suivant :

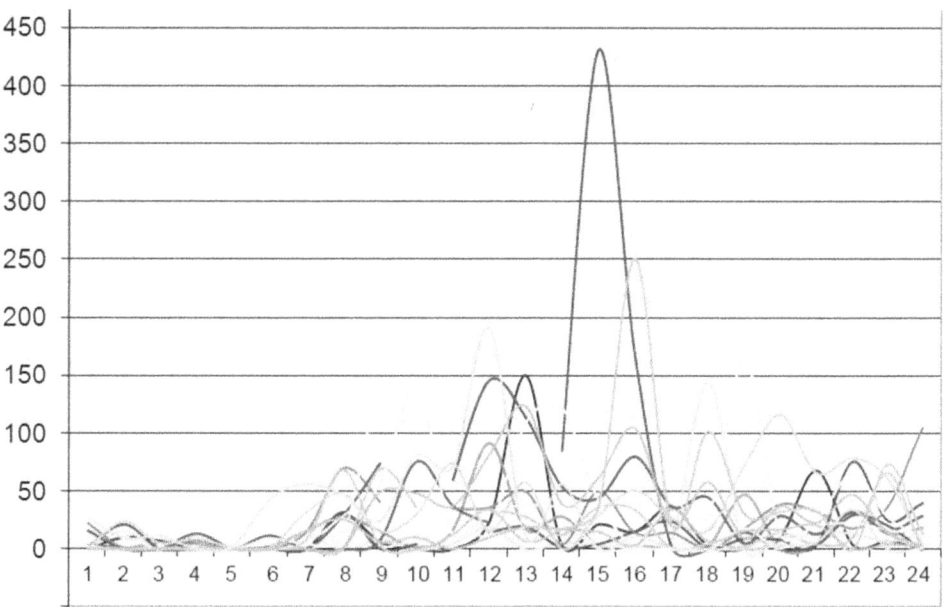

La manière de le construire est relativement simple :

1.  Prenez des mesures durant 24 heures à différents points. Pour qu'il y ait une validité statistique, vous devez prendre au minimum 30 points de référence.

2.  Calculez ensuite la moyenne par tranche horaire. Ceci demande parfois de prendre des décisions par rapport à l'écrêtage de la consommation. Il est possible, par exemple, qu'il y ait un usager sur 30 qui forme une pointe qui ne soit pas une erreur (ex : un salon de thé ou un atelier de lavage auto). Avant d'écarter une donnée, vous devez y réfléchir à deux fois. Si vous voulez aller plus loin, vous pouvez examiner quelles valeurs sont anormales grâce à un test statistique de valeurs hors rang (ex : Grubbs).

Les tendances sont alors représentées par ce qu'EPANET appelle des **"courbes de modulation"** et que nous avons appelé modèle de consommation. La ligne en pointillée représente la consommation moyenne.

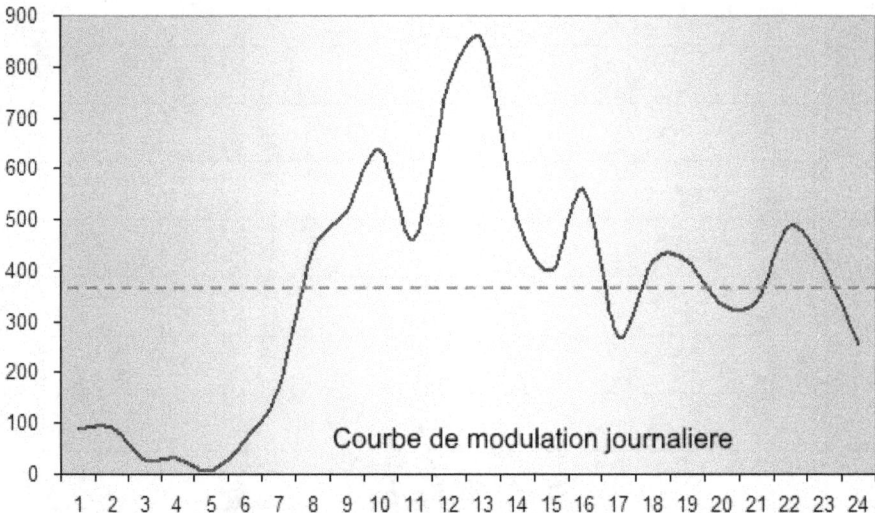

Pour qu'EPANET puisse intégrer les différentes tendances, elles doivent être exprimées sous forme de multiplicateurs, un pour chaque tranche horaire. Si les multiplicateurs sont correctement saisis, la moyenne de ces derniers doit égale à 1 et leur somme à 24. L'exemple suivant vous montre la procédure à suivre.

Pour saisir les données, allez dans la fenêtre de *Navigation*, puis sélectionnez *Courbes Modul.* dans l'onglet *Données*.

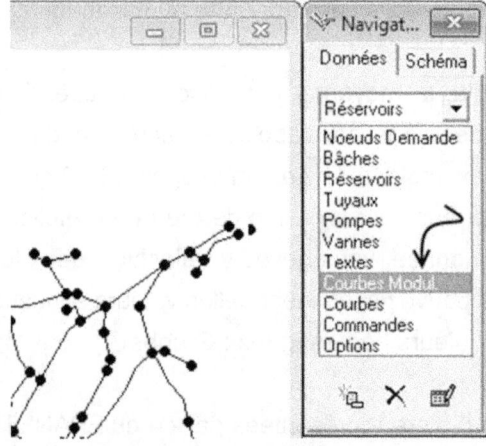

Pour afficher la boîte de dialogue correspondante, cliquez ensuite sur l'icône *Ajouter* :

Au fur et à mesure que vous saisissez les multiplicateurs correspondant à chaque tranche horaire, un diagramme en bâton apparaît au-dessous. Il correspond au modèle de consommation journalier.

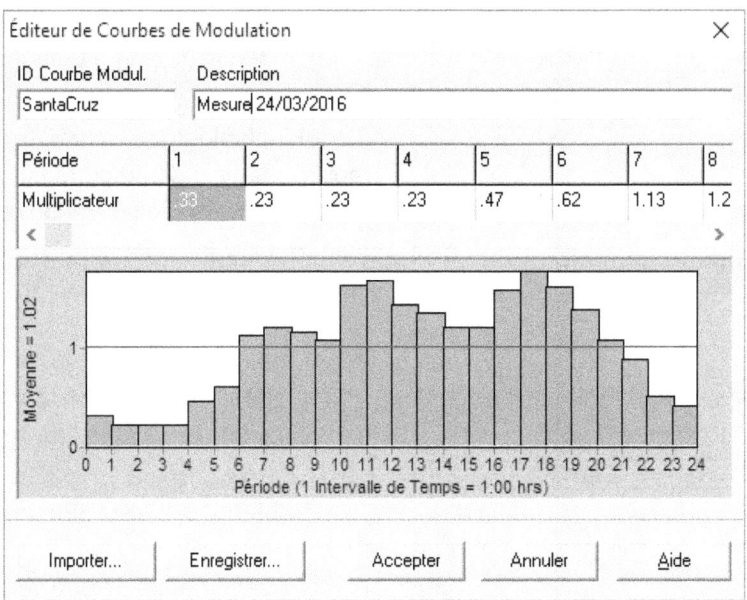

Si vous appelez cette courbe de modulation ou ce modèle « 1 » par exemple, vous devrez saisir « 1 » dans le champ *Courbe Modul. Demande* des propriétés de chacun des nœuds dont la consommation suit ce modèle.

Le multiplicateur le plus élevé correspond au **coefficient journalier** qui aura le plus d'importance dans les calculs. Dans cet exemple, bien qu'il ne soit pas visible sur l'image, ce coefficient est de 2.39.

▶ tiny.cc/arnalich

   Consultez la chaîne youtube pour voir les futures vidéos sur le sujet

## Exemple de calcul d'un modèle de consommation journalier

Après avoir réalisé les mesures nécessaires sur le terrain, les consommations relevées pour chaque tranche horaire sont représentées dans la première colonne du tableau ci-dessous :

1. Pour obtenir la consommation totale journalière, ajoutez les consommations de chaque tranche horaire :

   1800 + 700 + 200 + …+3000 = 213 700 litres

2. Pour obtenir la consommation moyenne par heure, divisez le total par 24 :

| | Consom. mesurée | Multiplicateur |
|---|---|---|
| 0:00 | 1800 | 0.20 |
| 1:00 | 700 | 0.08 |
| 2:00 | 200 | 0.02 |
| 3:00 | 300 | 0.03 |
| 4:00 | 500 | 0.06 |
| 5:00 | 1200 | 0.13 |
| 6:00 | 3000 | 0.34 |
| 7:00 | 8000 | 0.90 |
| 8:00 | 15000 | 1.68 |
| 9:00 | 12000 | 1.35 |
| 10:00 | 6000 | 0.67 |
| 11:00 | 5000 | 0.56 |
| 12:00 | 16000 | 1.80 |
| 13:00 | 23000 | 2.58 |
| 14:00 | 32000 | 3.59 |
| 15:00 | 25000 | 2.81 |
| 16:00 | 11000 | 1.24 |
| 17:00 | 7000 | 0.79 |
| 18:00 | 8000 | 0.90 |
| 19:00 | 9000 | 1.01 |
| 20:00 | 10000 | 1.12 |
| 21:00 | 9000 | 1.01 |
| 22:00 | 7000 | 0.79 |
| 23:00 | 3000 | 0.34 |
| TOTALE | 213700 | 24 |
| Consom. moyenne par heur | | 8904 |

213 700 l / 24 heures = 8904 l/h

3.  Finalement, pour obtenir le multiplicateur correspondant à chaque tranche horaire, divisez la consommation mesurée par la consommation moyenne par heure :

0h00  → 1800 / 8904 = 0.20
1h00  → 700 / 8904 = 0.08
2h00  → 200 / 8904 = 0.02
…..         …..          ……
23h00 → 3000 / 8904 = 0.23

4.  Pour finir, vérifiez que vous n'avez pas fait d'erreur en additionnant tous les multiplicateurs, leur somme doit être égale à 24 :

0.2 + 0.08 + … + 0.34 = 24

## Quand il n'y a pas de données

Il est parfois impossible d'obtenir des données sur le terrain, soit parce qu'il n'y a pas de compteur, soit parce que le système actuel ne permet pas de mesurer la consommation. Il y a trois manières de procéder:

a.  Vous supposez que la population correspond à **un modèle générique**. Une chose qui ressemble au boa mangeant un éléphant du *Petit Prince* ne sera pas loin de la réalité :

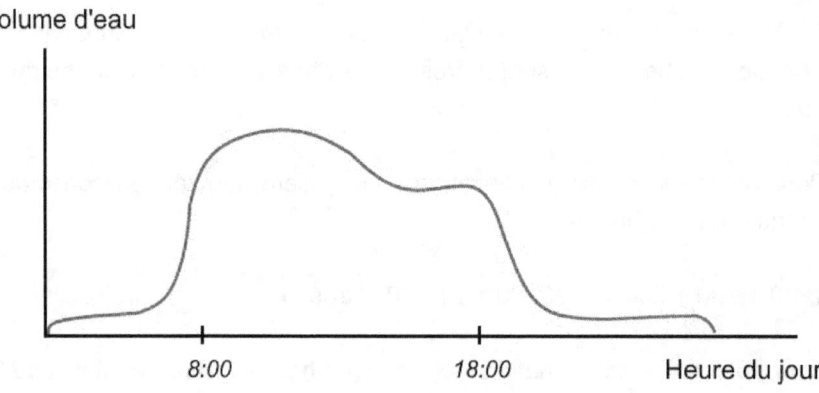

Les contextes plus pauvres tendent à favoriser une plus grande consommation le matin que cette image, avec une vallée plus accentuée à midi. Dans tous les cas, la forme exacte de la courbe est plus importante pour le dimensionnement d'un réservoir d'eau que pour le dimensionnement du réseau.

b. Vous supposez **un multiplicateur total générique** qui résume les pics quotidiens, hebdomadaires, mensuels, etc. autour de 3,5 à 4,5 pour le coefficient global, et de 2 à 3 pour le coefficient quotidien (ceci sera expliqué dans les sections suivantes).

c. Vous réalisez des **enquêtes auprès de la population**. Une technique facile et très visuelle est de demander de faire des petits tas par tranche horaire en utilisant 100 grains de maïs. Si pour l'après-midi il y a 40 grains, cela signifie qu'ils consomment 40 % de l'eau totale de la journée au cours de l'après-midi. Malheureusement, les personnes ont généralement très peu conscience de la manière dont elles utilisent l'eau.

# Saisir différents types de demande

Gardez à l'esprit qu'il n'existe pas un seul modèle de consommation. Poussé à l'extrême, on pourrait dire que chaque usager à son propre modèle. En pratique, on utilise quelques modèles qui représenteront tous les groupes significatifs.

Par exemple, comparez la **consommation officielle**, majoritairement durant les horaires de bureau :

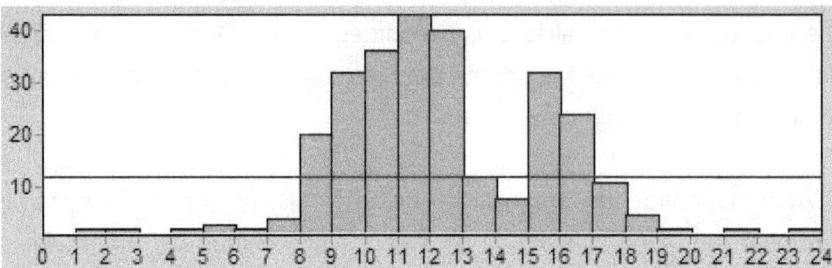

avec celle d'un **restaurant**, qui montrera des pointes de consommation aux heures des repas,

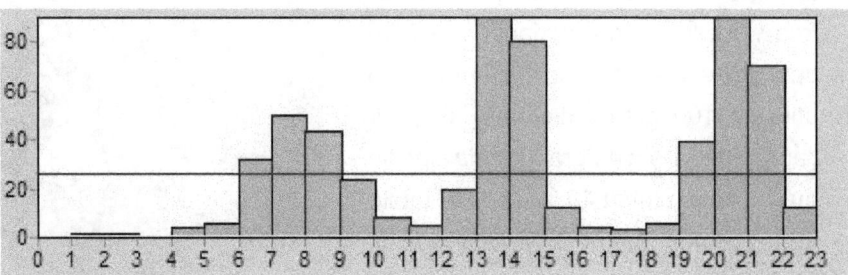

et avec celle d'une **industrie qui travaille de nuit** pour économiser de l'électricité :

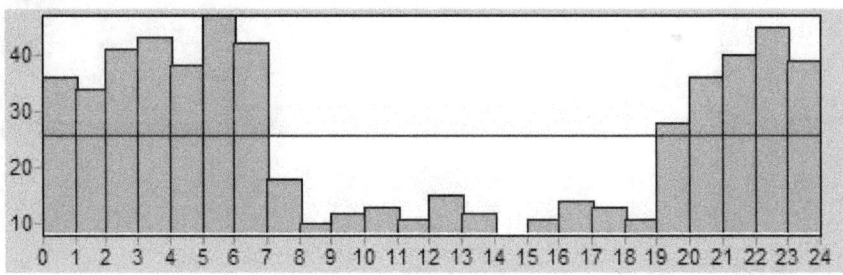

Un même nœud peut à la fois alimenter plusieurs familles, avec une demande de type « consommateur » et un atelier avec une demande de type « bétail ». Pour saisir plusieurs demandes dans un même nœud, allez dans ses propriétés puis cliquez dans le champ *Catégories de demande*, la boîte de dialogue suivante s'affiche :

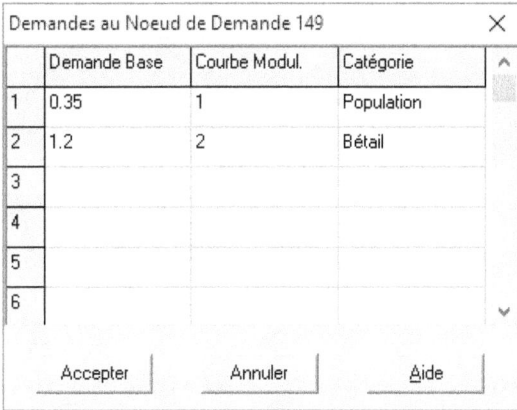

La demande de ce nœud correspond à la somme, pour chaque tranche horaire, de la demande de type « consommateur » de 0.35 qui s'appliquera suivant la courbe de modulation 1, et celle de type « bétail », de 1.2, qui s'appliquera suivant la courbe de modulation 2.

## Le modèle de consommation hebdomadaire

Nous allons utiliser une procédure similaire à celle du modèle de consommation journalier, tout en prenant en compte les différences suivantes :

- Nous ne cherchons pas ici à construire le modèle dans son intégralité, nous cherchons seulement la différence entre le jour où a eu lieu la prise de mesure des données du modèle journalier et le jour où la demande est la plus élevée. Nous devons ensuite « transposer » les consommations du jour de nos mesures à celui de la semaine où la consommation est la plus importante. Pour ce faire, on utilise un coefficient appelé **coefficient hebdomadaire**. Si les mesures ont été réalisées un samedi, dont le multiplicateur est 1.18, et que le jour de plus grande consommation est le mercredi, dont le multiplicateur est 1.35, alors on obtiendra le coefficient hebdomadaire de la manière suivante :

  Coeff. Hebdo. = multiplicateur maximum / multiplicateur du jour des mesures

  Par exemple: Coeff. Hebdo. = 1.35 / 1.18 = **1.154**

- Cependant, réaliser des mesures pendant une semaine est un travail titanesque et ce modèle n'est généralement pas mesuré par ailleurs. En pratique, à moins que la population ne possède un marché hebdomadaire, ce modèle n'a pas beaucoup d'influence sur le résultat final.

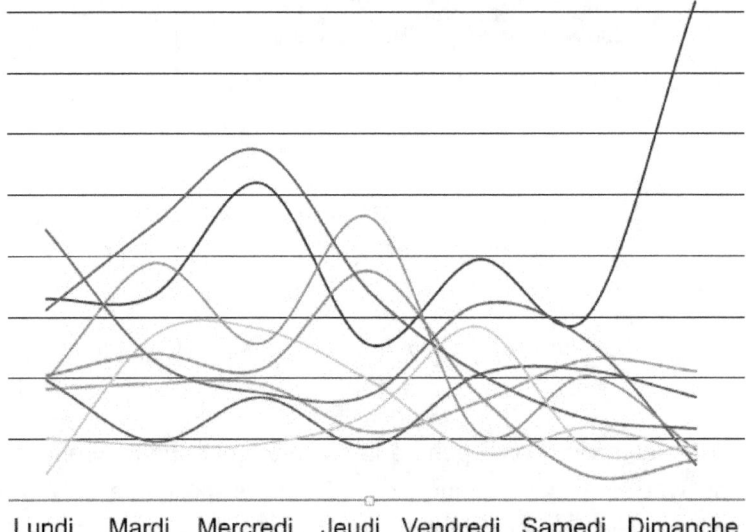

Lundi    Mardi   Mercredi   Jeudi   Vendredi   Samedi   Dimanche

La valeur du multiplicateur hebdomadaire ne se saisie pas en tant que tel dans EPANET.

## Le modèle de consommation mensuel

Ce modèle est, pour sa part, très important. La bonne nouvelle est que, dès lors qu'il existe un réseau, vous trouverez presque à chaque fois des factures mensuelles qui vous fourniront les données nécessaires. Nous allons procéder de la même manière que pour le coefficient hebdomadaire en utilisant l'exemple ci-dessous :

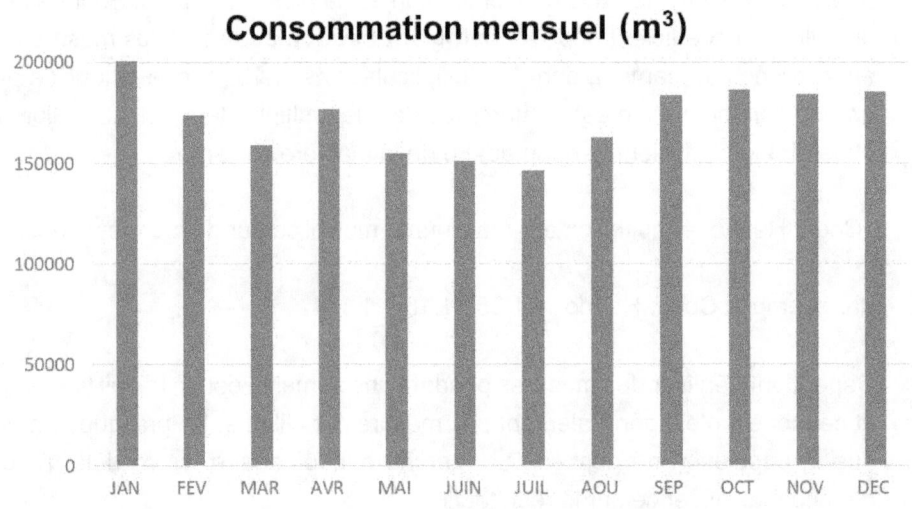

|  | m3 | Multipl. |
|---|---|---|
| JAN | 200282 | 1.17 |
| FEV | 173683 | 1.01 |
| MAR | 158623 | 0.92 |
| AVR | 176411 | 1.03 |
| MAI | 155099 | 0.90 |
| JUIN | 150940 | 0.88 |
| JUIL | 146069 | 0.85 |
| AOU | 162857 | 0.95 |
| SEP | 183607 | 1.07 |
| OCT | 185982 | 1.08 |
| NOV | 183865 | 1.07 |
| DEC | 185429 | 1.08 |
| Moyenne | 171904 | |

Si les mesures ont été réalisées au mois de juillet, dont le multiplicateur est 0.85, et que le plus élevé est de 1.17, correspondant au mois de janvier, alors :

$$C_m = 1.17 / 0.85 = 1.376$$

De la même manière que précédemment, la valeur du multiplicateur mensuel ne se saisie pas en tant que tel dans EPANET.

## Estimer les consommations non mesurées

Il s'agit de l'eau perdue à cause des fuites, des branchements illégaux, de certains services publics, etc.

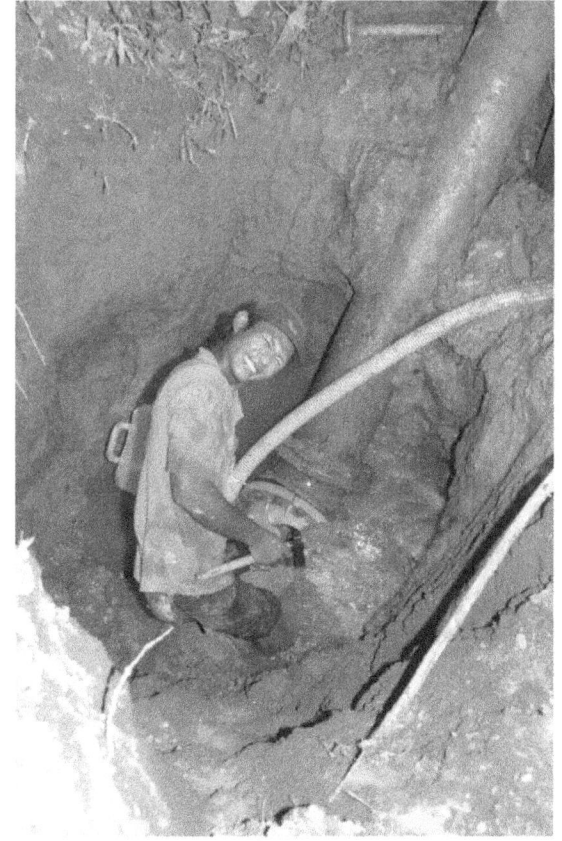

Pour estimer approximativement les consommations non mesurées, il suffit de comparer l'eau produite avec l'eau mesurée. La différence correspond aux consommations non mesurées. Pour un réseau nouveau, elles sont estimées à 20 %. Le multiplicateur serait dans ce cas de 1.2. Si les usagers consomment 10 l/s et que les tuyaux transportent en réalité 12 l/s, la différence de 2 l/s correspondra à l'eau perdue en route, c'est-à-dire aux consommations non mesurées.

$$10 \times 1.2 = 12$$

Si le réseau est homogène, la méthode est simple. On répartit de manière égale la consommation non mesurée entre tous les nœuds. Si le réseau possède des sections plus anciennes, la consommation non mesurée augmentera avec l'ancienneté de la tuyauterie. Si la pression est plus importante dans un secteur, les fuites seront plus importantes elles aussi. Dans les deux cas, vous devez affecter un multiplicateur spécifique à chacun de ces secteurs.

La valeur du multiplicateur relative aux consommations non mesurées ne se saisie pas en tant que telle dans EPANET.

## Le coefficient total

Comme nous l'avons vu précédemment, le réseau est conçu en fonction de l'heure de pointe du jour de la semaine et du mois de plus haute consommation. Pour ce faire, il faut multiplier tous les coefficients obtenus précédemment en tenant compte de la méthode d'analyse qui sera utilisée : la photographie (statique) ou la succession de photographies (quasi-statique).

   a.  Dans **l'analyse statique**, on multiplie tous les coefficients entre eux.

$C_{total} = C_{journalier} \times C_{hebdomadaire} \times C_{mensuel} \times C_{conso.\ non\ mesurée}$
$C_{total} = 2.39 \times 1.15 \times 1.37 \times 1.2 = \underline{\textbf{4.54}}$

Si la demande moyenne de la population future est de 100 l/h, la demande à laquelle le réseau devra être capable de répondre est :

100 l  x 4.54  = 454 litres / heure = 0.126 l/s

C'est cette valeur que vous devrez ensuite répartir entre les différents nœuds, comme détaillé dans la partie « Affecter la demande aux nœuds » qui explique comment renseigner la *Demande de Base* pour chacun d'eux.

   b.  Dans **l'analyse quasi-statique**, on multiplie entre eux tous les coefficients sauf le journalier. Avec cette méthode, on appliquera les multiplicateurs du modèle journalier à chaque tranche horaire, il n'y a donc pas de raison de prendre en compte le coefficient journalier.

$C_{total} = C_{hebdomadaire} \times C_{mensuel} \times C_{conso.\ non\ mesurée}$
$C_{total} = 1.15 \times 1.37 \times 1.2 = \underline{\textbf{1.9}}$

Si la demande moyenne est de 100 litres/heure, les demandes de chaque tranche horaire seront respectivement:

0:00    100 l/heure × 0.2 × 1.9   = 38 l/heure
1:00    100 l/heure × 0.35 × 1.9  = 66.5 l/heure
...     ...      ...    ...   ....
12:00   100 l/heure × 2.39 × 1.9 = **454 l/heure**   Pointe de consommation !
...     ...      ...    ...   ....
23:00   100 l/heure × 0.4 × 1.9  = 76 l/heure

Remarquez, dans les deux cas, la pointe de consommation est la même : 454 l/heure.

Il n'y a pas besoin d'ajouter un coefficient de sécurité car les réseaux dimensionnés avec cette méthode sont généralement un peu surdimensionnés[1].

# Récapitulatif

Nous allons prendre un exemple très simple qui résume ce que nous venons de voir jusqu'à présent :

1.  La population bénéficiaire est de 10 000 personnes, tous des consommateurs normaux.

2.  Il a raisonnablement été décidé de projeter la population sur 15 ans. En appliquant les formules, la population bénéficiaire totale est de 18 000 personnes.

3.  La demande totale est donc : 18 000 personnes × 50 litres par personne = 900 000 litres.

4.  La demande moyenne exprimée en litres par seconde est de :

900 000 litres × 1 jour / 86 400 secondes = 10.4 litres/seconde

---

[1] *Cohen, J (1993). New trends in distribution research. Dynamic calculation and monitoring. Water Supply Systems. State of the art and future trends p213-250..Computatinal Mechanics Publications. Southampton*

5. Le coefficient hebdomadaire calculé est de 1.1, le mensuel de 1.4 et les consommations non mesurées de 1.2. La demande ajustée est de :

    10.4 litres/seconde × 1.1 × 1.4 × 1.2 = 19.25 litres/seconde

6. Si le réseau dispose de 10 nœuds et que vous avez opté pour une affectation homogène de la demande (partie suivante), alors :

    19.25 l/s / 10 nœuds = 1.925 l/s×nœud

7. D'après le modèle de consommation journalier, le multiplicateur le plus élevé est de 2, c'est-à-dire que durant cette tranche horaire, la consommation est deux fois plus importante que la moyenne.

8. Selon le type d'analyse choisi, il y a maintenant deux manières de procéder :

    a) Si vous voulez réaliser une analyse statique durant l'heure de pointe de consommation, la demande à saisir dans les propriétés est le produit de la demande moyenne ajustée pour chaque nœud et du multiplicateur le plus élevé de la journée :

    1.925 l/s×nœud × 2 = **3.85 l/s**

| *Altitude | 19.85 |
|---|---|
| Demande de Base | 3.85 |
| Courbe Modul. Demande | 1 |

    b) Si vous voulez réaliser une analyse plus large, de la succession des analyses statiques des 24 heures de la journée et non pas seulement celle de l'heure de pointe, la valeur à saisir pour la *Demande de base* est directement celle obtenue au point n°6, **1.925 l/s**. Ensuite, vous devez ajouter la courbe de modulation ou modèle de consommation calculé au point n°7, que vous appellerez « 1 », comme l'indique la flèche ci-dessous.

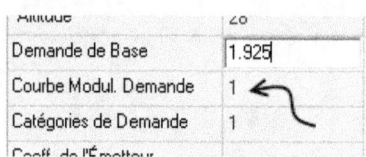

| Altitude | 20 |
|---|---|
| Demande de Base | 1.925 |
| Courbe Modul. Demande | 1 |
| Catégories de Demande | 1 |
| Coeff. de l'Émetteur | |

# Les différentes approches de calcul de la demande

*Soyez attentif, cette partie est fondamentale.*

## A. Variations temporelles

C'est la procédure que nous venons de voir tout au long de ce chapitre (variations journalières, hebdomadaires, mensuelles…).

## B. Simultanéité

Lorsqu'un système est de petite taille, **utiliser le débit moyen comme dans l'approche précédente peut conduire à installer des tuyaux de diamètre trop petit**. Imaginez un robinet unique installé au bout d'un tuyau qui transporte un débit de 0.2 l/s. Si, à la fin de la journée, un total de 50 litres d'eau a été consommé, le débit moyen sera très faible :

$$50 \text{ l/24h} \times 3600 \text{ s/h} = 0.00058 \text{ l/s}$$

Néanmoins, quand on ouvre le robinet, le tuyau doit pouvoir transporter 0.2 l/s… Soit presque 350 fois plus que le débit moyen !

Cette différence entre le débit moyen et le débit instantané diminue à mesure qu'augmente le nombre de consommateurs. L'ouverture ou non d'un robinet par un

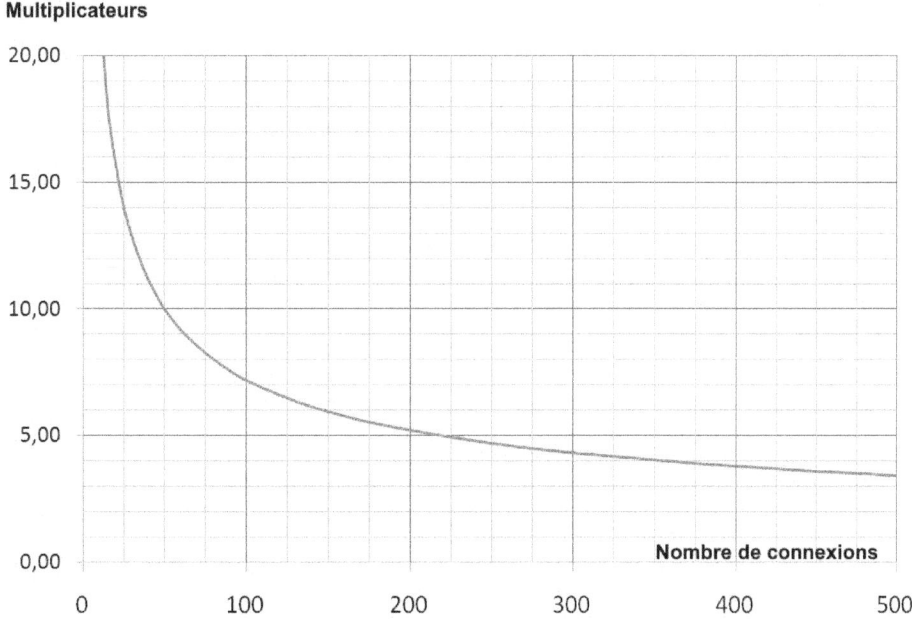

usager en particulier perd de l'importance au regard de la masse en général. Pour prendre en compte cet effet, on utilise des coefficients de simultanéité (Arizmendi 1991) : Vous remarquerez qu'à partir de 250 branchements, le multiplicateur prend des valeurs similaires à celles mentionnées pour le coefficient total des variations temporelles (3.5 – 4.5). Autrement dit, à partir de 250 branchements, un réseau peut être dimensionné suivant la méthode des variations temporelles.

Cet effet est valable pour tous les tuyaux. Bien que le réseau comporte beaucoup d'usagers, si un secteur en particulier ne possède, par exemple, que 35 branchements, il est nécessaire de prendre en compte cette simultanéité.

La mauvaise nouvelle est que la **simultanéité et EPANET ne sont pas compatibles** car l'équilibre des masses ne joue plus son rôle. En d'autres termes, le débit d'un tuyau ne sera pas nécessairement le même que celui des tuyaux situés en aval puisque chacun d'eux aura un coefficient de simultanéité propre. On travaille avec l'artifice que l'eau est créée et détruite et EPANET ne peut pas traiter cela.

La manière la plus simple d'éviter ce problème est de déterminer un **diamètre minimal** pour l'ensemble du réseau (minimum 63 mm, mieux si plus grand). L'installation de diamètres minimaux est utile pour prévenir les incendies.

## C. Tous robinets ouverts

Dans cette approche, il s'agit d'affecter à un robinet un nombre défini de personnes et d'alimenter le débit correspondant à tous les robinets ouverts en même temps.

Prenons au moins **0.2 l/s pour chaque robinet et un robinet pour chaque 250 personnes.**

Si un nœud représente une fontaine publique de 3 robinets, vous saisirez alors 0.6 dans le champ *Demande de base*, sans appliquer de multiplicateur ni de modèle de consommation.

Cette approche est utilisée dans les contextes d'urgence, les camps de réfugiés et les situations où l'on pressent qu'il y aura la queue. Dans le cas des réseaux de petites tailles, si vous disposez du budget suffisant, optez pour l'utilisation de diamètres minimaux. Si, comme c'est généralement le cas, votre budget est serré, dimensionnez le réseau tous robinets ouverts.

## Quand utiliser quelle méthode ?

Dans la majorité des cas, trois questions orientent le choix de la méthode à employer pour déterminer les débits maximaux, comme le montre le schéma ci-dessous :

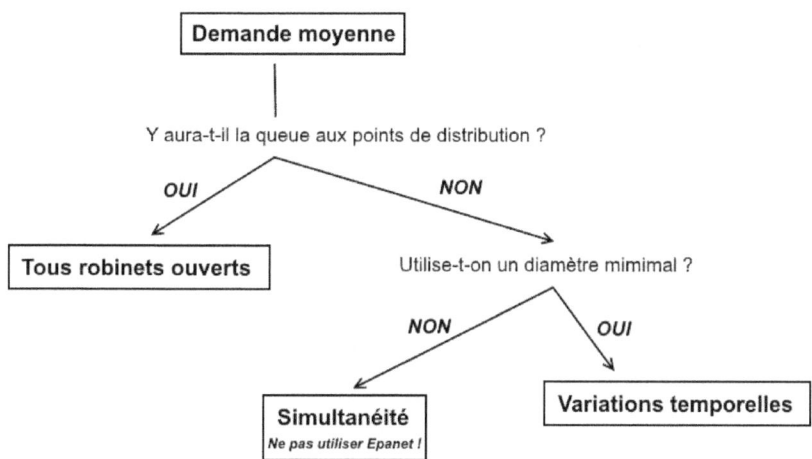

Dans tous les cas, **évitez d'installer des tuyaux trop petits, surtout sur de longues distances**. Installer par exemple un tuyau de 25 mm de diamètre sur 2 kilomètres de long est une très mauvaise idée. Elle finira par se boucher et il sera très difficile de trouver où. De plus, les tuyaux entre 12 et 63 mm sont très peu tolérants aux variations de la demande, ou à l'altération de leur diamètre due aux dépôts de calcaire ou des poches d'air. Ne cherchez pas trop à faire des économies à ce niveau ! Ça finirait vite par coûter très cher à la population.

# Affecter la demande aux nœuds

Nous venons de voir comment déterminer la pointe de la demande en eau et la projection de la population à laquelle il faut l'appliquer. La distribution spatiale de la demande et la manière de la répartir entre les différents nœuds est toute aussi importante, si ce n'est plus. Si vous avez une pointe de demande de 43 l/s, comment la répartir ensuite entre les 67 nœuds de demande sur votre modèle ?
La demande par jonction dépend de la façon dont vous dessinez le réseau, du nombre de nœuds et de leur répartition dans l'espace. **Affecter correctement la demande pour chaque nœud est une étape clef pour obtenir un modèle précis.**

Vous aurez essentiellement le choix entre les options suivantes et les combinaisons possibles entre chacune d'elles :

## 1. L'affectation nœud par nœud

On affecte la consommation à chacun des usagers. Cette option permet d'obtenir des modèles aussi précis qu'ils sont laborieux à construire. Elle est adaptée pour les réseaux de petites tailles ou au réseau intérieur d'un immeuble. Comme on ne peut pas affecter la consommation d'un futur usager, elle ne convient qu'aux réseaux ayant un faible potentiel de croissance. Affecter la demande nœud par nœud est particulièrement recommandé pour les consommations élevées comme un hôpital, un marché, une usine.

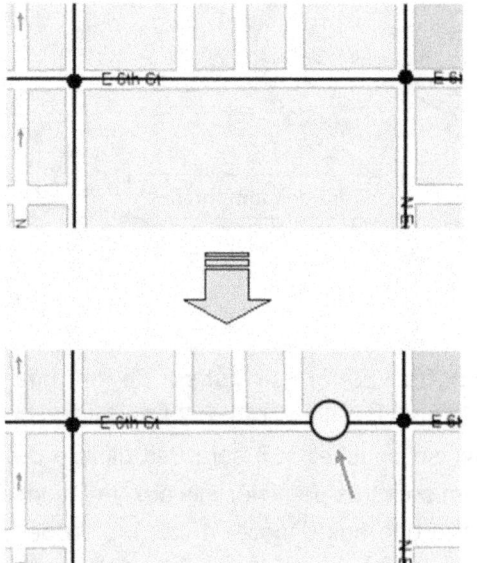

Pour ce faire, on répartit entre chaque extrémité du tuyau (50 % - 50 %) la consommation totale. Il existe deux exceptions.

Dans le cas d'un grand consommateur (nœud jaune), et pour représenter correctement la distance qui le sépare des deux autres points les plus proches, on ajoute un nœud comme le montre l'image ci-contre.

S'il y a une section qui part d'un nœud, l'ensemble de la consommation de cette section sera affectée à ce premier nœud (en jaune).

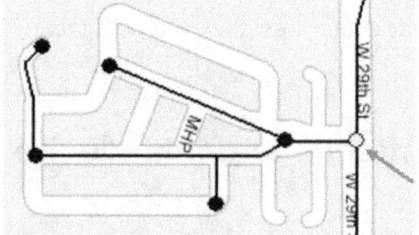

## 2. Affectation par rue

On additionne la consommation de tous les usagers d'une rue et on la répartit entre le nœud initial et le nœud final. On peut utiliser cette méthode à chaque tronçon comme sur la figure ci-dessous, ou par mètres de tuyauterie. Autrement dit, si la rue Silverlake est longue de 1200 mètres, que notre tronçon mesure 120 mètres et que la moyenne de consommation de cette rue est de 20 l/s, celle du tronçon considéré sera de 120 m x 20 l/s / 1200 m = **2 l/s**, à répartir entre les deux nœuds.

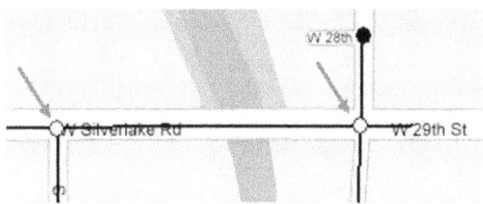

## 3. Affectation par maille

L'ensemble des consommations à l'intérieur d'une maille est distribué de manière égale entre tous les nœuds qui l'entourent. Cette façon d'affecter la demande est particulièrement utile si on travaille avec des densités de population et donc :

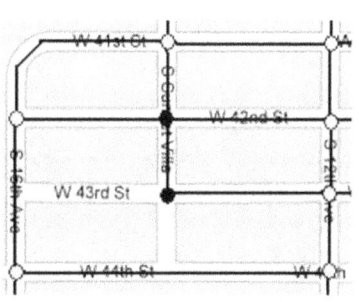

Densité maximale : 500 hab/km²
Aire de la maille : 2 km²
Nombre de nœuds : 7
Consommation moyenne par habitant : 0.01 l/s
500 hab/m² × 2 km² × 0.01 l/s / 7 nœuds  =  1.43 l/s/nœud

## 4. Affectation totale

Cette méthode est valable pour les réseaux très symétriques où les consommateurs sont tous similaires. On peut alors diviser la demande totale par le nombre de nœuds et affecter ce résultat à chacun des nœuds.

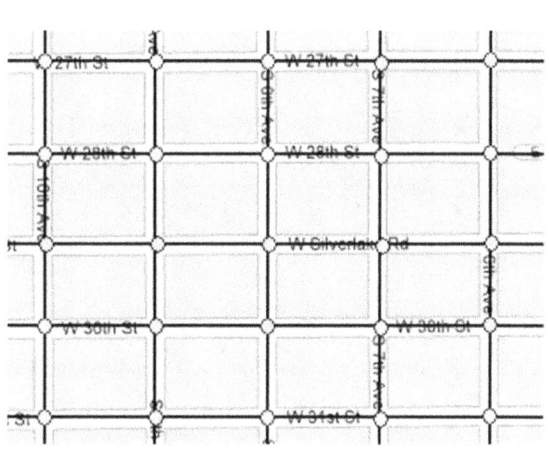

Si la consommation totale est de 50 l/s et qu'il y a 25 nœuds, la consommation par nœud est :

50 l/s  / 25 nœuds = 2 l/s×nœuds

# CHAPITRE 6

# Modéliser la qualité de l'eau

## Introduction

**Pour que le chlore soit efficace, encore faut-il que la population le boive.** Il est vrai que le chlore n'est pas un médicament mais…

   a.   **Fréquemment, la population préfère boire de l'eau non chlorée.** Si vous avez construit un réseau formidable qui n'est cependant pas utilisé car l'eau possède un goût trop fort en chlore, alors vous n'avez atteint aucun objectif.

Dans certains cas, la gestion de la chloration de l'eau est si faible que les usagers iront jusqu'à se plaindre que cette eau abîme leurs vêtements. Très souvent, comme la population n'est pas habituée au goût du chlore, elle refuse l'eau chlorée, même à des concentrations très basses. Dans ce cas, une campagne de sensibilisation, de la patience et une augmentation progressive des taux de chlore peuvent éviter des situations comme celle de l'image ci-dessous, où une femme préfère puiser son eau depuis une flaque sur la route.

Pour que l'eau chlorée fasse son effet, il faut que la population la boive. Il est nécessaire que l'eau soit protégée face à une nouvelle pollution. La manière la plus simple est de maintenir une quantité de chlore résiduel (entre 0.2 – 0.6 ppm) dans l'eau qui la protège face aux récipients sales, aux mains, aux animaux, etc. Si l'usager ne boit pas de chlore, il n'est donc pas certain que l'eau n'ait pas été polluée à nouveau.

Regardez, par exemple, comment l'eau est recontaminée au point de collecte même lorsque certains des populaires robinets à fermeture automatique sont utilisés. Ces robinets ont la mauvaise habitude de laver les mains des utilisateurs vers l'intérieur du récipient :

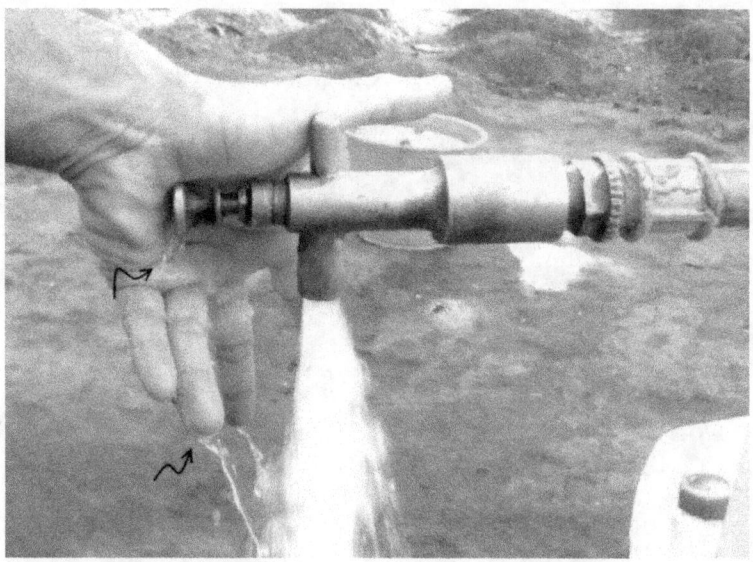

### Une dernière idée

Vous aurez peut-être ressenti un certain rejet à l'évocation du mot « marketing » dans un contexte de Coopération. Ne sous-estimez pas la possibilité d'utiliser le marketing et d'en extraire de bonnes idées, surtout si elles sont culturellement et religieusement neutres. Vous trouverez des exemples et une présentation de la philosophie derrière l'utilisation du marketing dans *"The Critical Villager"* d'Eric Dudley.

Il y a également beaucoup d'exemples intéressants dans les pays développés. L'Agence de l'Eau a lancé la campagne « Carafe d'eau à Paris » qui avait pour objectif d'éviter de saturer l'environnement avec du plastique. Dans une ville où 51 % de ses habitants déclarent boire de l'eau en bouteille, des bouteilles, comme sur l'image ci-contre, étaient distribuées pour promouvoir la consommation de l'eau du réseau de Paris.

Des campagnes de marketing adaptées au contexte pourraient inciter à la consommation d'eau potable face à des sources d'eau polluées.

## Quels paramètres de qualité évaluer avec EPANET ?

Principalement deux:

### Temps de séjour

Il renvoie au temps que l'eau passe dans la tuyauterie. Il a deux applications principales :

1. **Garantir un temps de contact avec le chlore.** L'une des conditions qui garantit la potabilité de l'eau est que le chlore ait été en contact avec l'eau pendant un certain temps. La durée recommandée est de 30 minutes, mais le temps de contact dépend de certains paramètres et peut facilement être le double. Il est préférable de suivre un processus de calcul réel comme le *Log-4 virus inactivation*. Pour tenir compte de ce temps, la chloration est généralement effectuée en amont des réservoirs d'eau.

2. **Eviter la perte de qualité de l'eau.** La qualité de l'eau empire sensiblement en fonction du temps de séjour dans les tuyaux. Si une maison a été inoccupée pendant un certain temps, il est recommandé de laisser l'eau couler avant de la consommer. A titre indicatif, concevez des réseaux où **l'eau ne restera pas plus d'une journée dans les tuyaux**. Bien que l'on utilise normalement une référence de 3 jours, il est fort probable que l'entretien du réseau ne soit pas optimal. Maintenir durant 3 jours de l'eau dans un réseau en mauvais état est quelque peu osé. Des temps de séjour supérieurs indiqueront que le réseau est surdimensionné, ou qu'il a une structure arborescente qui facilite l'accumulation de l'eau dans les tuyaux des extrémités. Le graphique de la page suivante montre

l'âge, ou vieillissement de l'eau, à midi. Vous pouvez clairement observer que les points qui indiquent un temps de séjour supérieur à 12 heures sont situés dans les extrémités non maillées du réseau.

Ceci nous amène à une conclusion importante : c'est dans **les secteurs les plus éloignés et non maillés** du réseau que les problèmes de qualité seront les plus importants, notamment parce que :

- Le temps de transport de l'eau augmente. En conséquence, la concentration de chlore diminue à cause des réactions internes, ce qui augmente les possibilités de contamination de l'eau et son vieillissement.

- Il n'y a pas de recyclage ou dilution possible puisque l'eau s'écoule juste dans un sens.

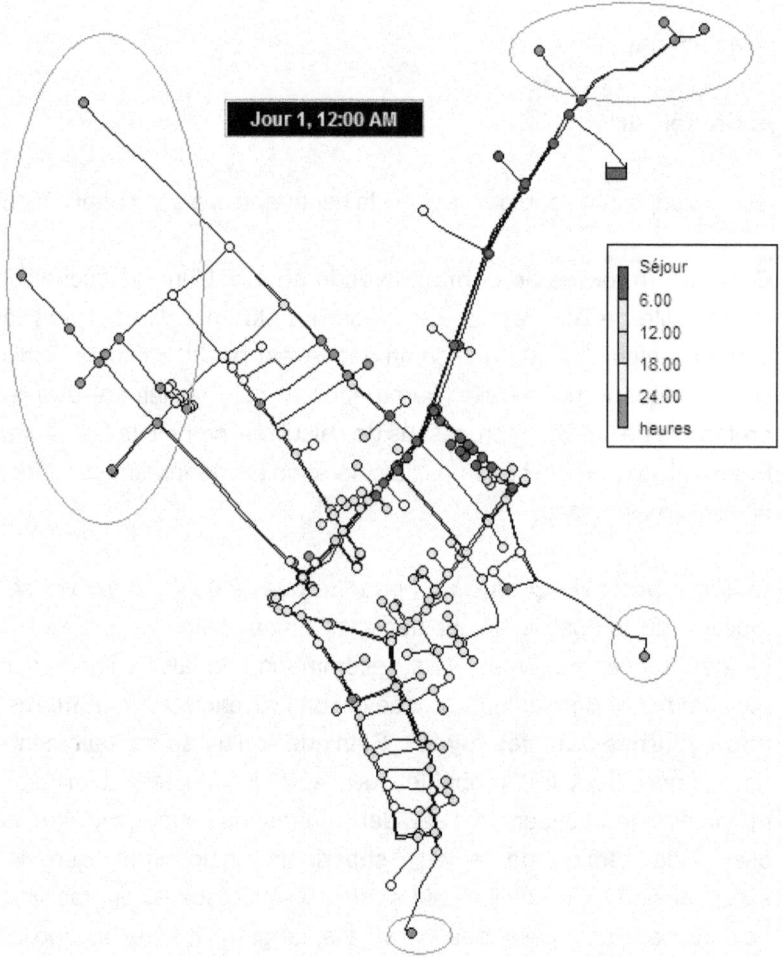

### Concentration en chlore

Nous avons vu précédemment que pour éviter que l'eau soit à nouveau polluée après la chloration, il est nécessaire de maintenir un taux de chlore résiduel minimum de 0.2 mg/l (soit 0.2 ppm). En augmentant la quantité de chlore, l'eau commence à prendre un goût de chlore qui peut pousser certaines populations à privilégier la consommation d'eau non protégée. Ce seuil dépend beaucoup de la population à servir et de son habitude à consommer de l'eau chlorée ou non. Il est conseillé d'utiliser une **concentration maximale 0.6 ppm**. Une pollution ultérieure est inévitable, que ce soit à cause de mains sales ouvrant un robinet ou de l'utilisation de récipients sales.

## Modéliser la qualité

La première chose à savoir est que ces analyses doivent être faites sur une période étendue ou quasi-statique afin de pouvoir observer leur évolution dans le temps. Vous trouverez plus de détails dans la partie « Analyse statique et analyse sur une période étendue » au Chapitre 7.

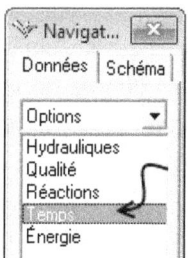

Pour réaliser une analyse sur une période étendue sur EPANET, allez dans la fenêtre de *Navigation*, à l'onglet *Données*, sélectionnez *Options* puis *Temps*.

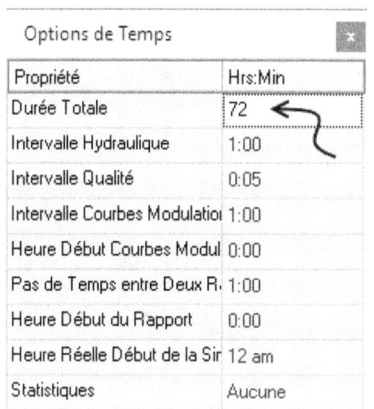

La boîte de dialogue suivante s'affiche. En inscrivant 72 heures dans le champ *Durée Totale*, EPANET calculera les différents états du réseau sur une période de 72 heures. 24 heures n'est un choix raisonnable que pour les réseaux très simples.

Choisissez toujours une **durée totale d'au moins 72 heures**. Cela vous permettra **d'observer les effets cumulés** d'un jour sur l'autre, effets qui passeraient inaperçus si vous planifiez une simulation sur seulement 24 heures. C'est le cas du réservoir dans l'exemple suivant, qui cumule son déficit d'un jour sur l'autre jusqu'à se vider complètement à l'heure 68. A partir de cet instant, il ne se remplira plus. Il a deux problèmes; il est probablement trop grand (hauteur totale par rapport à la hauteur du deuxième cycle) et il n'a pas assez de recharge (ne récupère pas entre les cycles).

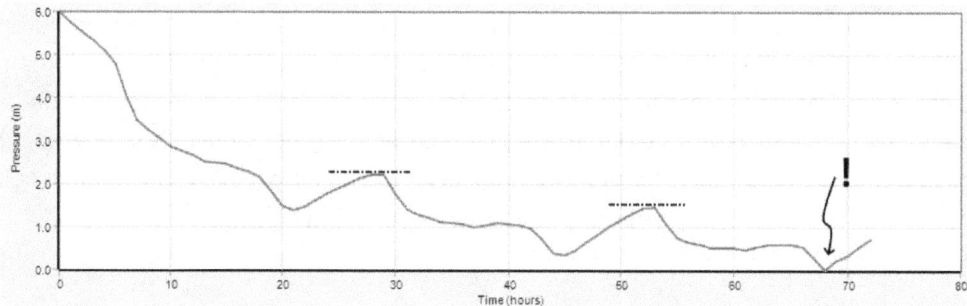

Si le réseau est stable cela signifie qu'après plusieurs cycles, les valeurs de concentration, pression et niveau des réservoirs seront similaires, de cette manière le réseau revient à ses valeurs initiales après chaque cycle.

Le temps qui passe « entre chaque photogramme » s'appelle **Intervalle de calcul** et bien que vous puissiez utiliser n'importe quel intervalle je vous recommande de le fixer à 1 heure. Cela va vous simplifier beaucoup la vie. La population s'organise en fonction des heures de la journée. Le vieillissement de l'eau exprimé en heure est facilement compréhensible et la dégradation du chlore est suffisamment lente pour qu'elle puisse également être évaluée en heures. Si vous introduisez des intervalles plus courts, comme 1 minute, vous perdrez beaucoup de temps à analyser les 1440 images qui constitueraient la simulation de chaque journée, et, plus important encore, les changements deviendraient imperceptibles puisque diffus sur une pluralité d'images.

Remplissez les trois premiers champs de la boîte de dialogue comme suit : *Durée Totale* 72 heures, *Intervalle Hydraulique* 1 heures, *Intervalle de Qualité* 5 minutes.

| Options de Temps | ☒ |
|---|---|
| Propriété | Hrs:Min |
| Durée Totale | 72 |
| Intervalle Hydraulique | 1:00 |
| Intervalle Qualité | 0:05 |

Les autres champs vous donneront davantage de liberté de configuration ainsi que de visualisation des résultats, mais vous ne les utiliserez pas fréquemment, sauf *Heure Début du Rapport* comme vous le verrez plus loin. Ils sont expliqués dans le manuel d'EPANET.

### Configurez la qualité

Pour sélectionner le type d'analyse à réaliser, affichez la boîte de dialogue *Options de Qualité* dans l'onglet *Qualité* de la fenêtre de *Navigation* comme le montre l'image suivante :

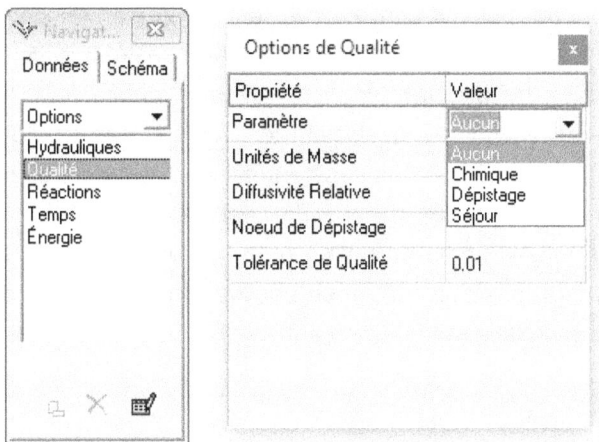

Dans le menu déroulant du champ *Paramètre :*

- **Chimique** vous permet d'analyser l'évolution de la concentration d'un réactif, généralement le chlore.

- **Séjour** s'utilise pour mesurer le vieillissement de l'eau.

- **Dépistage** permet de savoir quel pourcentage d'eau de chaque source traverse un nœud. C'est très utile lorsque l'on mélange de l'eau de deux sources pour abaisser un paramètre défavorable de l'une d'entre elles, par exemple un excès de salinité, et pouvoir utiliser le débit des deux.

## Les coefficients de vitesse de réaction du chlore

Ces coefficients sont spécifiques à l'eau traitée et au réseau qui la transporte, ils ne peuvent pas sortir des livres, et c'est pourquoi il faut les mesurer.

Le chlore se consomme dans l'eau ou le milieu et par contact avec la paroi intérieure de la tuyauterie. Pour prendre en compte ce paramètre, vous devez utiliser des coefficients de réaction.

## Le coefficient de vitesse de réaction aux parois

Ce coefficient s'obtient expérimentalement et il est volatile. La bonne nouvelle c'est que les tuyaux en plastique sont généralement considérés comme inertes, le coefficient sera donc égal à 0. Si vous pensiez utiliser des tuyaux en métal, vous vous retrouvez devant un problème du type : qui de l'œuf ou de la poule est arrivé en premier ? Faut-il commander du matériel pour pouvoir concevoir le réseau ou bien concevoir le réseau avant de commander le matériel ? Si, une fois le réseau construit, le chlore n'est pas consommé par les parties métalliques, vous n'avez plus rien à faire. Dans le cas contraire, vous pouvez mesurer ce coefficient en faisant passer de l'eau d'une concentration en chlore connue à un débit constant par une section d'au minimum 300 mètres, voire plus si votre appareil de mesure est peu précis. En mesurant la concentration à l'entrée et à la sortie du tuyau, et en corrigeant le chlore consommé dans la masse (voir paragraphe suivant), vous pouvez savoir combien de chlore est consommé au contact des tuyaux.

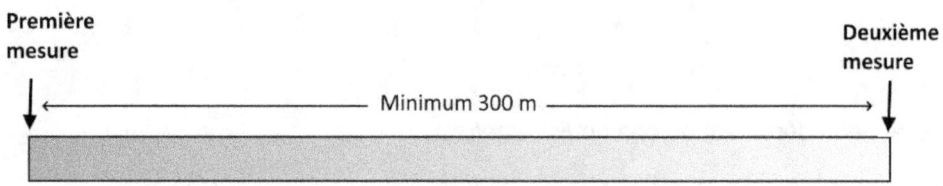

Les tuyaux pour lesquels vous pouvez soupçonner une consommation de chlore importante sont ceux au diamètre de petite taille et ceux en métal, surtout s'ils ne sont pas revêtus. L'unité utilisée est le jour$^{-1}$. Les valeurs négatives indiquent la quantité de chlore consommée et les positives la quantité de chlore générée. Ces valeurs sont saisies dans les propriétés des tuyaux.

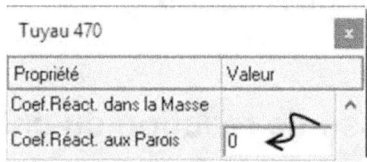

## Le coefficient de vitesse de réaction dans la masse d'eau

Ce coefficient se détermine expérimentalement en mesurant l'évolution de la concentration de chlore d'un volume d'eau contenu dans un récipient en verre.

Les méthodes de dosage sur le terrain sont généralement colorimétriques, c'est-à-dire qu'on ajoute un pigment qui va colorer l'eau en fonction de sa teneur en chlore dans un récipient ayant une échelle de couleur, appelé **pooltester**, de par son usage dans la mesure du chlore dans les piscines. Faites le test sur une eau incolore et ne vous esquintez pas les yeux en essayant de savoir si la mesure est de 0.67 ppm ou 0.62 ppm. Des variations de 0.1 mg/l sont normales.

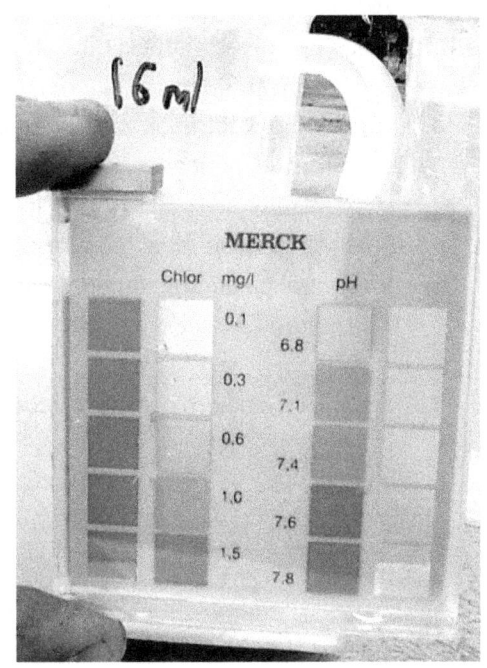

Réalisez vos mesures dans des intervalles de temps suffisamment grands pour pouvoir apprécier les différences avec plus de facilité, par exemple, toutes les 6 heures. C'est pour ces raisons que mesurer le coefficient de vitesse de réaction suivant la méthode présentée dans le paragraphe précédent est souvent peu pratique.

Ainsi, si vous utilisez des concentrations proches des valeurs de travail, vous rencontrerez l'inconvénient de ne pas réussir à mesurer avec précision des variations de couleur aussi faibles. Si vous utilisez des concentrations plus importantes, la vitesse de réaction sera différente. Pour dépasser ces limites, réalisez deux tests en parallèle, l'un avec la moitié de la concentration de l'autre. Rappelez-vous que **1 mg/l = 1 ppm** (partie par million).

**La température peut faire varier significativement le coefficient,** jusqu'à 15 fois plus à 5°C qu'à 25°C. Essayez de réaliser vos mesures à une température proche de celle du sol à la profondeur à laquelle seront placés les tuyaux.

La procédure à suivre est la suivante :

1.  Préparez une solution de chlore quelconque et comptez les gouttes ajoutées pour un volume d'eau donné jusqu'à que vous atteigniez une concentration de 1.5-2 mg/l (1.5-2 ppm). Si vous utilisez de l'eau de javel, essayez avec 4 à 5 gouttes.

2.  Versez le nombre de gouttes nécessaire dans un premier échantillon, et la moitié de celui-ci dans le deuxième échantillon.

3.  Notez la concentration mesurée au moment de préparer les deux échantillons. Ce seront les concentrations initiales.

4.  Réalisez ensuite des mesures toutes les 4 à 6 heures jusqu'à ce que la concentration du premier échantillon soit descendue à la dernière mesure avant 0 de votre *pooltester*.

5.  Vous pourrez alors calculer le coefficient en appliquant la formule suivante :

$$K = \frac{\ln \frac{C_n}{C_0}}{t}$$

Où:  K, Coefficient de masse en jour $^{-1}$

$C_0$, Coefficient initial

$C_n$, Concentration dans le temps de la mesure n

t, Temps en jours

6.  Calculez la moyenne entre les deux coefficients et utilisez cette valeur.

A titre d'exemple, si la valeur initiale est de 1.2 ppm et que vous avez relevé une mesure de 0.6 ppm après 48 heures :

$$K = \frac{\ln \frac{0.6}{1.2}}{2} = -0.3465$$

# Définir les entrées en chlore

Dans les réseaux des pays à revenu faible et intermédiaire, la chloration se fait fréquemment dans les réservoirs. De cette manière, le temps de contact avec le chlore est suffisant pour qu'il puisse faire effet. Les deux autres possibilités sont d'utiliser un doseur qui s'adapte au débit ou un doseur à dose constante. Le principal problème des doseurs constants - imaginez-vous un goutte-à-goutte au-dessus d'un ruisseau - est que la concentration finale de chlore est très variable. Si l'eau s'écoule rapidement, la quantité de chlore sera faible, mais si l'eau stagne, la quantité de chlore augmentera sans pouvoir y remédier.

## Qualité initiale et qualité de source

Ces deux paramètres sont utilisés pour déterminer la concentration d'une substance présente dans le volume d'eau qui passera par ce point, que ce soit une bâche infinie ou un nœud :

- **Qualité initiale.** Ce paramètre permet de partir d'une situation donnée, proche de l'équilibre, et évite des calculs logiciels. Dans le cas des bâches infinies, il peut prêter à confusion puisqu'il ne s'agit pas seulement de la qualité initiale mais également de la concentration en chlore de l'eau qui entre dans le réseau depuis cette bâche. C'est-à-dire que si vous assignez une concentration de chlore de 0.6 ppm à une bâche infinie, toute l'eau qui entre dans le réseau aura cette même concentration.

- **Qualité de source.** Ce paramètre est utilisé pour faire varier la qualité initiale grâce à une courbe de modulation. Le procédé est similaire à celui d'une courbe de demande comme nous l'avons vu précédemment. Vous devez introduire une valeur puis une courbe de modulation avec des multiplicateurs pour chaque tranche horaire.

  Par exemple, pour simuler un doseur qui fonctionne les 8 premières heures de la journée avec une concentration de 1 ppm, voici la courbe de modulation que l'on créerait (appelée « on-off ») et la boîte de dialogue correspondante s'afficherait après avoir cliqué sur les points de suspension dans les propriétés de la bâche infinie (champ *Qualité de Source)* :

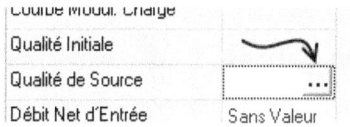

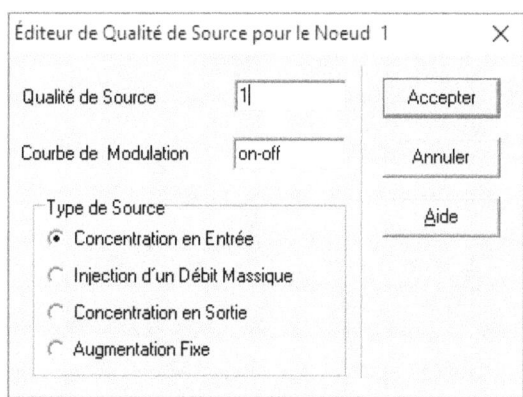

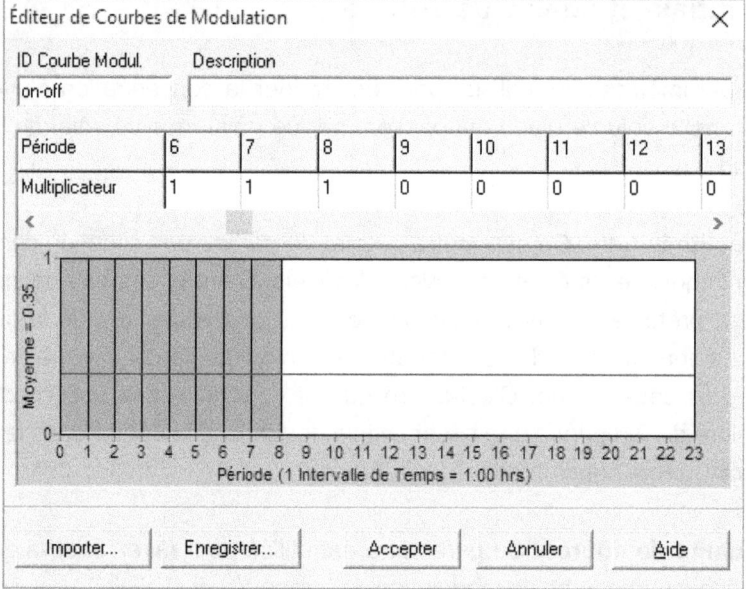

## La chloration d'un forage

C'est un des cas les plus faciles. Normalement, la chloration est réalisée via un doseur constant qui démarre et s'arrête en même temps que la pompe. Comme cette dernière va fournir un débit plus ou moins constant, il n'est pas nécessaire de régler le débit de la solution de chlore. Ces doseurs sont plus robustes, moins chers et démarrent et s'arrêtent plus facilement.

Pour modéliser un doseur dans un forage, il suffit de saisir une valeur dans le champ *Qualité de Source*, comme sur l'image suivante :

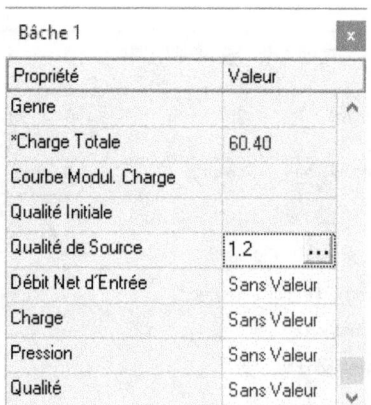

## Chloration satellite

La chloration satellite est utilisée pour augmenter la concentration de chlore dans les points où elle est descendue en dessous du niveau désiré. On les appelle également stations de re-chloration.

Cliquez sur le nœud ou réservoir où vous désirez l'implanter pour accéder aux propriétés de ce dernier. Cliquez ensuite sur les points de suspension du champ *Qualité de Source* pour afficher la boîte de dialogue suivante :

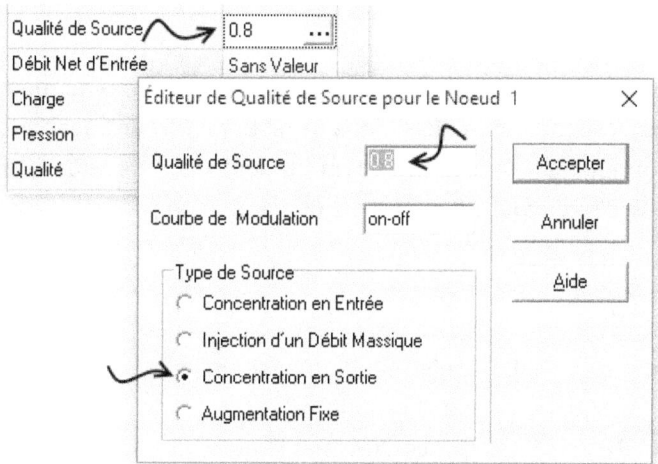

Si vous voulez augmenter d'une quantité donnée la concentration en chlore de l'eau qui passe en un point, cliquez sur *Augmentation fixe* et précisez la valeur désirée. C'est le cas le plus fréquent. Si l'objectif de la chloration satellite est de restaurer une concentration de chlore donnée à l'eau, vous devez cliquer sur *Concentration en Sortie* et saisir la valeur désirée, 0.8 ppm dans l'image ci-dessus. C'est le cas des stations de traitement avec chloration choc, suivi d'un filtre de charbon actif qui élimine le chlore avec une chloration ultérieure d'une valeur déterminée.

## La chloration dans les réservoirs

Chaque jour, le réservoir se remplit et on y ajoute une quantité de chlore avant qu'il se vide à nouveau. Il y a deux manières de le modéliser :

**a.** Si vous avez représenté les réservoirs par des *Réservoirs*, renseignez dans les propriétés de ce dernier le coefficient de vitesse de réaction du chlore dans la masse d'eau au niveau du champ *Coeff. de Réaction* et la concentration de chlore obtenue dans le champ *Qualité de Source*. Pour un coefficient de vitesse de réaction de -0.4 jour$^{-1}$ et une concentration de 0.8 ppm, vous obtiendriez la boîte de dialogue suivante :

| Réservoir 2 | [x] |
|---|---|
| Propriété | Valeur |
| Courbe de Volume | |
| Modèle de Mélange | Parfait |
| Fraction de Mélange | |
| Coeff. de Réaction | -0.4 |
| Qualité Initiale | |
| Qualité de Source | 0.8 |
| Débit Net d'Entrée | Sans Valeur |
| Altitude Surface | Sans Valeur |
| Niveau | Sans Valeur |

**b.** Si vous avez modélisé les réservoirs comme des *Bâches Infinies*, saisissez « 1 » dans le champ *Qualité Initiale* et construisez la courbe de modulation qui simule le comportement du chlore dans le réservoir. Pour tracer cette courbe, vous devez à nouveau utiliser l'équation du coefficient de vitesse de réaction dans la masse d'eau, vous obtiendrez la concentration pour un temps t :

$$C_n = C_0 \times e^{kt}$$

Avec,     K, Coefficient de masse en jour $^{-1}$
          $C_0$, Coefficient initial
          $C_n$, Concentration à l'heure n
          e = 2.7182…

Si la concentration initiale dans le réservoir est de 0.8 ppm et le coefficient de vitesse de réaction dans la masse d'eau de -0.7 jour $^{-1}$, les points de cette courbe seront calculés comme suit :

Heure 1.  $C_1 = 0.8 \times e^{-0.7 \times (1/24)} = 0.78$ ppm

Heure 2.  $C_2 = 0.8 \times e^{-0.7 \times (2/24)} = 0.75$ ppm

….        …     …                          …

….        …     …                          …

Heure 24  $C_2 = 0.8 \times e^{-0.7 \times (24/24)} = 0.4$ ppm

Le graphique obtenu correspond à une courbe de consommation de chlore classique.

**ppm**

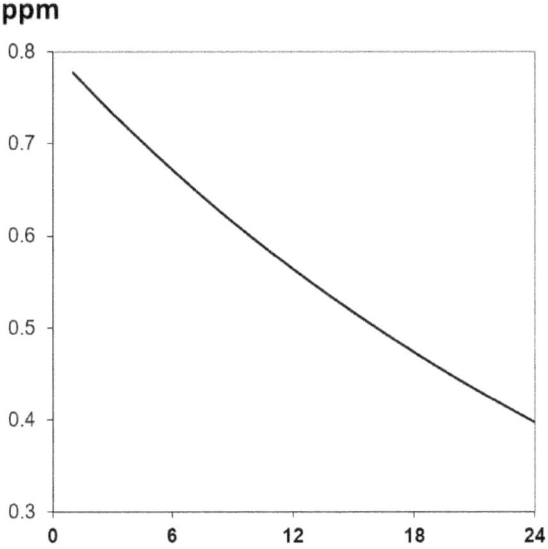

Pour saisir ces valeurs dans EPANET, allez dans l'onglet *Données* de la fenêtre de *Navigation,* puis sélectionnez *Courbes. Modul..* Saisissez les valeurs en ppm à chaque tranche horaire. Comme nous avons utilisé une concentration initiale de 1, nous n'avons pas besoin de calculer les multiplicateurs et pouvons donc saisir directement ces valeurs puisqu'en les multipliant par 1 elles demeureront inchangées.

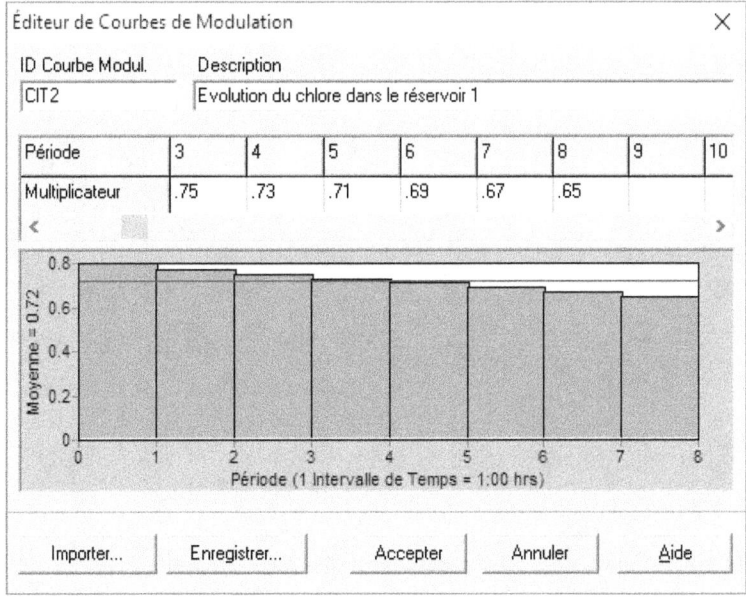

CHAPITRE 7

# Analyser le modèle

## Dépasser le «Syndrome de la Paresse Post-assemblage»

Vous l'aurez bien compris, construire un réseau requiert une quantité de travail considérable. Parfois, le temps presse. Vous pouvez également avoir la fausse sensation d'avoir travaillé suffisamment. Dans tous les cas, **une** des erreurs les plus fréquentes est de **précipiter l'analyse.**

> *Plus je travaille, plus la chance me sourit »*
>
> *(Thomas Jefferson)*

Il est important d'avoir les idées claires. Vous avez passé beaucoup de temps à collecter des données pour mettre à profit l'analyse que vous obtiendrez d'EPANET et il s'agit d'en tirer parti au maximum. Si vous n'avez pas prévu de prendre le temps d'analyser les résultats et de travailler le modèle, le mieux est ne pas vous lancer dans un tel projet. Ce n'est que de cette manière que vous compenserez le temps investi. Sinon, laissez tomber ce livre et choisissez-en un autre plus divertissant !

Gardez à l'esprit que chaque minute investie dans l'analyse vous fera économiser des heures de casse-tête, d'assemblage ou de retard sur un réseau qui ne fonctionne pas. Les réseaux mal conçus trahissent leurs objectifs avant même d'avoir été construits. En peu d'autres occasions votre participation apportera une telle valeur ajoutée aux populations concernées.

Comme la nature humaine est une vieille amie de tous, nous avons tous ressenti ou ressentirons ce syndrome à un moment ou un autre. Le meilleur moyen de le combattre est de:

1. **Commencez dès que possible**. Par n'importe quel bout, sans grandes envolées et en vous concentrant sur les possibilités plus que sur les problèmes. Une fois commencée, il est plus facile de continuer la tâche, surtout si vous commencez par les questions qui vous préoccupent le plus.

2. **Définissez des objectifs clairs.** Par exemple, « 3 propositions de schémas à 80 000 € » ou « installer moins de 3 kilomètres de tuyauteries ». Les objectifs dépendent beaucoup des caractéristiques de votre travail. Le simple fait de les exprimer vous sera d'une grande aide.

3. **Sensibilisez les personnes qui s'impatientent.** Analyser un réseau peut prendre deux à trois jours. Si vous n'avez pas bien géré votre temps ou que le contexte ne le permet pas, ce n'est pas l'étape au cours de laquelle vous devez économiser votre temps. Faites d'autres sacrifices.

## Analyse statique et analyse sur une période étendue

**L'analyse statique** permet d'évaluer un seul instant dans le temps, généralement le plus défavorable pour le réseau. C'est comme congeler dans le temps ce qu'il se passe à un instant donné pour voir, par exemple, la vitesse dans les tuyaux, la pression en chaque point, etc. Pour faire une analogie, voici ce que serait l'« analyse statique » d'une éclipse solaire.

**L'analyse sur une période étendue** (quasi-statique) évalue une succession d'instants, généralement la photo de ce qui se passe à chaque heure de la journée, et non seulement à une heure donnée. A l'écran, elle se visualise comme un film. Elle est également connue sous le nom d'analyse quasi-statique. Pour reprendre l'analogie de l'éclipse, voici ce que nous obtiendrions :

On commence par l'analyse statique car elle permet de faire facilement des changements et de visualiser rapidement les résultats. Cette étape permet de vérifier si la capacité de transport du réseau est adaptée à la demande en utilisant les critères de calculs détaillés ci-dessous. Une fois le modèle stable et efficace face à la demande, on l'analyse ensuite sur une période étendue pour évaluer les paramètres qui fluctuent dans le temps comme le niveau des réservoirs ou la concentration de chlore.

**Visualisation de l'analyse statique et de la période étendue en une seule fois**

En pratique, le plus simple est de réaliser une analyse sur une période étendue en **faisant débuter la visualisation des résultats à l'heure de pointe de la consommation**. Ainsi, sans réaliser aucun changement ni réajustement, vous pouvez passer d'une analyse statique (en ignorant le reste des tranches horaires) à une étendue (en visualisant les résultats durant le reste des tranches horaires). Pour ce faire:

1. Recherchez l'heure du jour de consommation maximale. Prenons par exemple 13h00.

2. Dans l'onglet *Données* de la fenêtre de *Navigation,* sélectionnez *Options* puis *Temps.*

3. Renseignez l'heure de consommation maximale dans le champ *Heure Début du Rapport.*

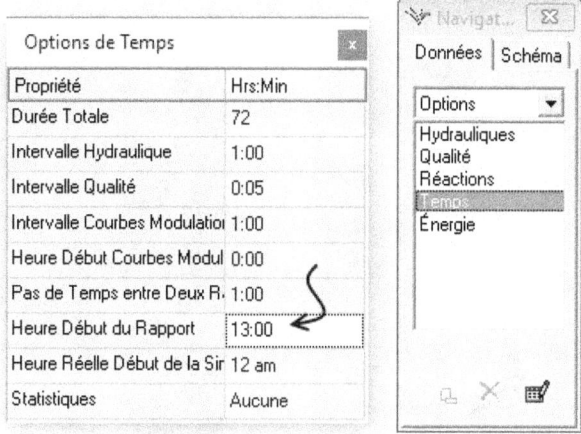

Après avoir configuré la boîte de dialogue comme sur l'image, EPANET va vous montrer l'évolution du comportement du réseau au cours des 24 heures de la journée, en commençant par l'image correspondant à l'analyse statique sans nécessité de réaliser de réajustements.

# Les critères de calcul

Avant de commencer à analyser un modèle, il faut définir des critères de calcul, c'est-à-dire, les échelles de valeur pour lesquels la solution proposée nous semblera acceptable. Dans un contexte de Coopération, il y a cinq paramètres essentiels à prendre en compte : la pression, la vitesse dans les tuyaux, la perte de charge unitaire, le temps de séjour et la concentration en chlore. Nous avons déjà vu les deux derniers dans le chapitre précédent.

## Pression

Généralement, on essaye de la maintenir entre **1 et 3 bars** au robinet pour tous les utilisateurs, ce qui équivaut à 10 et 30 mètres de colonnes d'eau. Atteindre cet objectif se fera plus ou moins facilement en fonction du relief.

Les réseaux possédant moins d'un bar de pression présentent des problèmes. Par exemple, dans un camp de réfugiés et de déplacés, une pression trop basse ne permettra pas de fermer les robinets à fermeture automatique. Le manque de débit peut également pousser les usagers à attacher les robinets pour les maintenir ouvert comme sur l'image ci-dessous.

Une pression trop importante rend le système davantage vulnérable aux pannes et aux fuites et le rend inaccessible. Les enfants ne peuvent pas ouvrir les robinets à fermeture automatique. A plus de 3 bars, le jet d'eau devient un spray qui éclabousse et ne remplit qu'à moitié les récipients. Les problèmes de flaques et stagnation de l'eau pullulent.

## Vitesse

Elle doit normalement être **comprise entre 0 et 2 m/s** durant les pointes de consommation.

**0 m/s !!** Une recommandation fréquente et obsolète est de garantir une vitesse minimum de 0.5 m/s pour que le réseau s'auto-nettoie. Cette dernière est à la fois absurde et dangereuse car elle conduit à :

- la construction de réseaux avec des diamètres trop petits qui génèrent une augmentation des frais de pompage et rendent plus difficile les extensions futures.

- Elle est impossible à mettre en pratique. Au fur et à mesure que change la population desservie, il est impossible de maintenir de tels rangs de vitesse tout au long de la durée de vie du réseau.

Les réseaux peuvent se nettoyer grâce à des systèmes de drainage dans les points les plus bas, et l'eau doit être propre, dépourvue d'écrous de visses et de gravier, comme le montre cette vidéo (qui concerne les eaux usées) :

▶ https://youtu.be/c1xX90ZfBj4    (Solids transport in waste water pipes)

Une vitesse plus importante que 2 m/s indique que le tuyau est probablement trop petit et augmente le risque de coups de bélier.

## Utiliser la perte de charge unitaire « pour l'illumination »

Elle mesure l'énergie perdue par frottement à l'intérieur des tuyaux et dépend essentiellement du débit et de la vitesse de l'eau qui circule. Elle est mesurée en *mètres de colonne d'eau perdus/km de tuyaux*. Un nombre élevé de mètres de colonnes d'eau perdus indique un tuyau inefficace. Les valeurs sont communément de l'ordre de **5 m/km pour les réseaux** et de **0.04 m/mètre pour les immeubles**. Parfois, il est souhaitable que le tuyau présente beaucoup de friction pour réduire la pression aux points inférieurs du réseau. Cela vous permet d'économiser en plaçant un tuyau plus petit et d'éviter une surpression s'il n'est pas prévu de faire des extensions à l'avenir à partir de cette ligne. Dans d'autres occasions, il est trop bas, peut-être en raison du relief ou parce qu'un tuyau trop grand a été installé. Comme on peut le voir sur l'image, les tuyaux rouges épais (sombres en impression N&B) dépassent cette valeur.

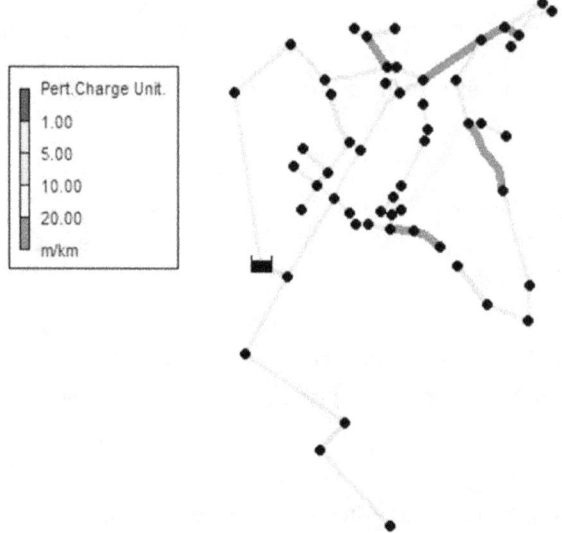

Ainsi dit cela ne semble pas particulièrement intéressant, mais c'est un allié indispensable pour comprendre rapidement ce qui se passe dans des réseaux complexes et savoir par où commencer. Cette vidéo vous l'explique avec des exemples:

https://youtu.be/LAB1Kuwv-t4    (Using headloss to diagnose a system)

La **perte de charge unitaire n'est pas un critère de calcul, c'est un outil** pour comprendre votre réseau. Si le réseau vous demande 30 m / km, parfait! Et s'il demande 3 m / km, parfait aussi! Il n'y a pas de critère à remplir, cela dépendra fondamentalement de la topographie.

# Les différents types d'analyse

Lorsque vous aurez défini les critères de calcul et réalisé les deux types d'analyse vus précédemment, le diagramme suivant vous servira de check-list. N'oublions pas que chaque système est différent et que certaines situations justifient l'utilisation de valeurs autres que celles recommandées.

### Analyse Statique :

- La pression ne descend pas en dessous de 10 m.
- La pression ne dépasse pas 30 m aux points de consommation.

- Il n'y a pas de vitesses supérieures à 2 m/s.
- Étudiez les pertes de charge unitaires supérieures à 10 m/km et inférieures à 2,5 m/km.


**Analyse Période Etendue :**

- La pression ne dépasse pas 30 m aux points de consommation.
- La pression ne descend pas en dessous de 1 bar, et ce, à aucun moment et en aucun point du réseau.
- La concentration de chlore ne descend nulle part en dessous de 0.2 ppm.
- Au niveau des points de consommation, le taux de chlore est inférieur à 0.6 ppm.
- L'eau ne reste pas plus d'une journée dans le réseau.
- Les réservoirs ont le temps de se remplir à chaque cycle.
- Les pompes fonctionnent à un régime approprié.


Il ne s'agit pas ici de se vanter, car bien qu'il y ait beaucoup d'autres vérifications possibles, nous n'avons retranscrit que les plus simples et les plus utiles. Dans la section suivante, des lignes d'action sont proposées pour chaque situation.


# Un axe de travail

Vous avez construit le schéma et vous vous demandez maintenant ce que vous allez en faire. Avant toute chose, conservez une copie de sécurité ailleurs que dans votre ordinateur et résistez à l'envie de vous en servir sauf si vous détruisez votre schéma. Il s'agit ensuite de modifier les différents éléments pour qu'ils se comportent comme vous l'attendez. Il est important de savoir qu'il y a une **infinité de solutions**, certaines meilleures que d'autres. Déterminez celle qui est la plus facile à réaliser, la moins chère, la plus faible consommatrice d'énergie, celle qui demande le moins d'entretien, etc. Ceci implique d'aboutir à plusieurs solutions distinctes qui peuvent être ensuite comparées (voir le Chapitre 8).

1. En partant du schéma initial, éliminez des tuyaux, modifiez leurs propriétés, changez leur tracé, jusqu'à parvenir à une solution, la Solution 1. Commencez à nouveau, essayez peut-être d'installer un réservoir neuf, de rajouter une pompe et de modifier le tuyau 54 pour arriver à la Solution 2. Et ainsi de suite

jusqu'à ce que vous ayez épuisé toutes vos idées et que vous ayez obtenu plusieurs solutions à comparer.

2. Comparez les solutions et choisissez-en une.

3. Retravaillez cette proposition en essayant à nouveau de l'optimiser. Simulez également ce qui pourrait arriver : un tuyau qui se casse, une consommation plus marquée dans un secteur, etc.

Jusqu'à présent, nous n'avons travaillé qu'en mode statique. Son principal avantage est qu'il est moins encombrant à conduire. A partir de là, vous devez observer le reste des écrans de resultats en période prolongée.

4. Vérifiez que les pressions maximales, le temps de séjour et la concentration en chlore sont correctes.

5. Pour finir, examinez à nouveau votre schéma à la recherche d'erreurs. La liste de contrôle à la fin du chapitre vous aidera.

6. Exportez vers un tableur les longueurs et les diamètres de tuyaux dont vous avez besoin. Établissez un coût unitaire approximatif avec l'excavation, par exemple, 22 USD/m pour un tuyau de 90 mm. Obtenez le total pour arriver à un chiffre approximatif ; il ne s'agit pas d'une estimation détaillée, mais simplement d'un chiffre suffisamment précis pour pouvoir comparer les dessins. Si les réseaux disposent de pompes, incluez les coûts de pompage.

7. **Benchmarking**. Recommencez en répétant le cycle 1-6. Cette fois-ci, vous essaierez peut-être d'installer un nouveau réservoir, d'ajouter une pompe et de modifier le tuyau 54 jusqu'à ce que vous arriviez à la solution 2. Soyez créatif, les meilleures solutions ne se dégagent pas tout de suite. Cela continue jusqu'à ce que vous soyez à court d'idées, que vous réalisez que vous avez une bonne compréhension du fonctionnement du réseau et que vous constatez que vous ne pouvez pas faire baisser le chiffre. C'est comme le score d'un jeu vidéo et vous jouez à des jeux différents. Si le réseau est très simple, il n'y a peut-être qu'une seule solution directe, mais à mesure que les choses se compliquent, il faut de plus en plus de tentatives. Outre le coût, vous pouvez comparer d'autres paramètres, par exemple, les pressions.

**Ne sous-estimez pas l'importance du point 7**. Par exemple, récemment, lors d'une re-conception de 20 réseaux d'eau comptant 425 000 bénéficiaires pour l'UNICEF, j'ai obtenu des réductions moyennes de 26 % des coûts des réseaux et des augmentations du débit de pointe d'environ 40 %. Certains de ces réseaux ont nécessité jusqu'à 9 tentatives, et je calcule les réseaux depuis 20 ans ! Le résultat a été une économie d'environ 5 millions d'euros, et 175 000 personnes supplémentaires ont été servies, en seulement 182 heures de travail. Peu de choses que vous faites dans un projet de développement auront ce taux de rendement.

## Solutionner les erreurs

Après avoir fini votre schéma, il est temps de lancer la simulation. Pour ce faire, cliquez sur l'icône avec l'éclair: ⚡

Ensuite, sauf dans le cas improbable où vous auriez réussi à calculer votre réseau du premier coup ou bien s'il est surdimensionné, la fenêtre suivante s'affiche :

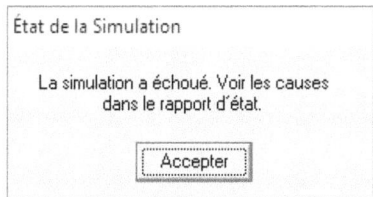

Pas d'inquiétude, ceci est absolument normal. Vous entrez maintenant dans la phase d'identifications des erreurs possibles. C'est une étape facile, qui ne prendra pas beaucoup de temps si vous savez ce qui se passe. Voyons en détails quels sont les erreurs fréquentes.

### Nœuds déconnectés

Après avoir cliqué sur *Accepter*, un *Rapport d'Etat* vous informera des différentes erreurs rencontrées. Ce dernier possède un contenu général puis des messages d'erreurs, certains plus compréhensibles que d'autres. Dans le cas de nœuds déconnectés, le message est relativement clair :

```
Err.Entrée 233: le noeud 2 n'a pas de connexion au réseau.
```

Comme dans le rapport ci-dessous :

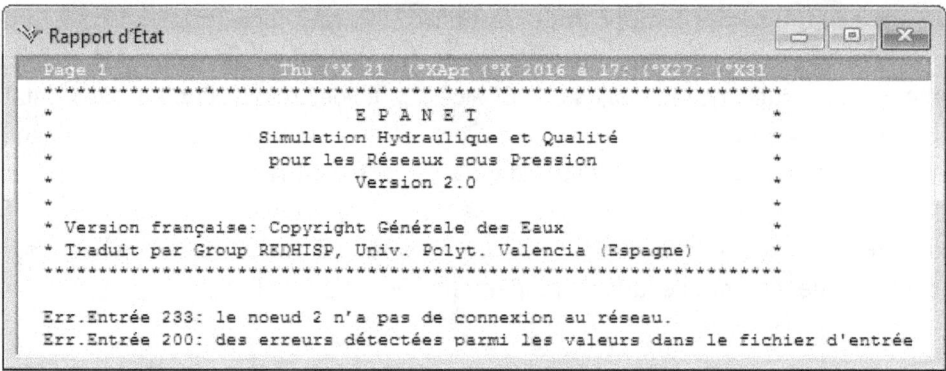

Cette erreur est très facile à résoudre, elle signifie qu'un nœud ou une partie du réseau n'est pas connecté au reste. Vous devriez alors vous trouver dans l'une de ces deux situations, explicitée en agrandissant le schéma :

**a)** Vous avez dessiné un nœud de trop sans vous en rendre compte.

**b)** Vous avez mal visé en cliquant sur les deux extrémités d'un tuyau et vous avez laissé un nœud au milieu sans relier.

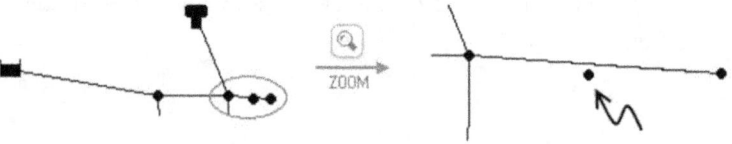

Attention, les réservoirs, même s'ils ne sont pas connectés au réseau, ne donnent pas lieu à un message d'erreur. Cela signifie que le réseau va se comporter comme s'ils n'existaient pas mais que nous allons quand même le tracer car nous estimons que c'est nécessaire. Dans l'image ci-contre le réservoir n'est pas connecté au reste du réseau.

## Impossibilité du résoudre les équations hydrauliques du réseau

Cette erreur qui semble intimidante est en réalité très simple :

```
Err.Système 110: Impossibilité du résoudre les équations hydrauliques du réseau
```

Dans la majorité des cas, une partie du réseau avec une demande spécifique n'est pas connectée au reste. C'est une situation similaire à la précédente sauf qu'au moins deux nœuds avec une demande spécifique sont déconnectés. En connectant à nouveau les deux sections, le message d'erreur disparaîtra.

## Bâches fermées

```
    0:00:00: La Bâche 3 est fermée
```

Dans ce cas, la bâche est déconnectée, sans tuyau qui la raccorde au réseau. Cela peut également être le fruit d'une autre erreur et le message disparaîtra une fois cette dernière résolue.

## Il manque un réservoir ou une bâche

```
    Err.Entrée 224 : il manque au moins un réservoir ou une bâche dans le réseau
```

Pour que la simulation puisse être lancée, le réseau doit comporter une entrée d'eau. Vous avez besoin d'un réservoir ou d'une bâche dans votre réseau, même si vous avez un nœud avec une demande négative (indiquant une arrivée d'eau dans le réseau).

## Un paramètre n'a pas été défini

Il y a plusieurs erreurs de ce type. Elles indiquent clairement ce qu'il faut faire. Voici quelques exemples :

```
    Err.Entrée 205: le Noeud de Demande 129 se réfère à une courbe de modulation
    non définie

    Err.Entrée 206 : la Pompe 2 se réfère à une courbe non définie.

    Err.Entrée 217: la donnée Énergie pour la pompe 3 n'est pas valable.
```

## Erreurs fantômes

Vous aurez remarqué la petite note qui apparaît souvent à la fin du report :

```
Err.Entrée 200: des erreurs détectées parmi les valeurs dans le fichier d'entrée
```

Ceci est un bon exemple qui concerne beaucoup des messages d'erreur qui peuvent apparaître et qui n'amènent nulle part. Ignorez-les, ils disparaîtront lorsque vous solutionnerez les erreurs significatives. Commencez par les erreurs que vous connaissez. Si vous bloquez sur l'une d'elles, passez à la suivante et laissez les autres pour la fin. Il est probable qu'elles disparaîtront d'elles-mêmes durant le processus.

Pour illustrer ce cas, regardez sur l'image de droite, le tuyau manquant a donné lieu à cinq messages d'erreur différents qui disparaîtront tous lorsque vous relierez les deux nœuds isolés au reste du réseau.

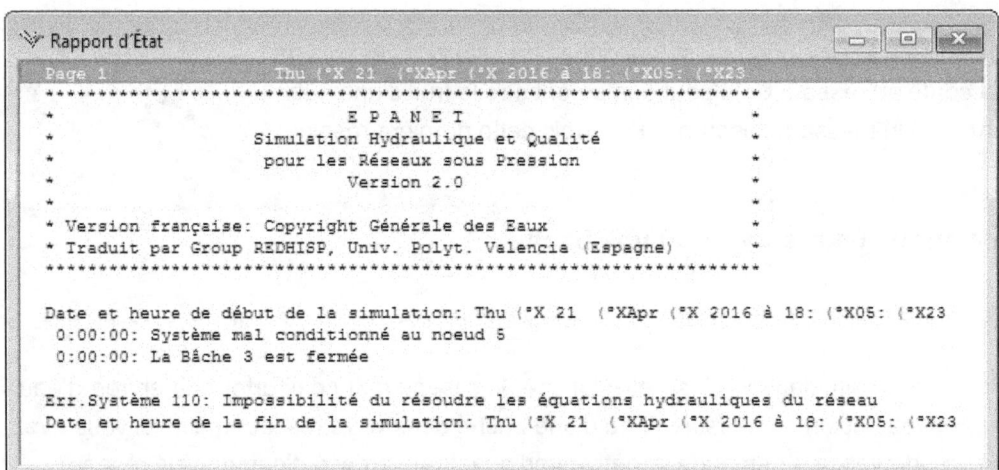

Nous avons décrit jusqu'à présent les erreurs les plus fréquentes, sans chercher à être exhaustif. Si vous rencontrez un autre type d'erreurs, souvenez-vous qu'EPANET possède une rubrique d'aide. Passons maintenant aux erreurs plus compliquées à résoudre.

## Pressions négatives

Voici la principale erreur rencontrée, celle avec qui vous fera beaucoup travailler au cours de la phase de dimensionnement du réseau :

AVERTISSEMENT: Il y a des pressions négatives à 14:00:00 hr

En d'autres termes, il y a des points du réseau où l'eau n'arrive pas. Modifiez la légende comme expliqué dans la partie « Outils de base ». Si la première valeur de l'échelle est 0, les nœuds concernés seront ceux en bleu foncé, comme dans l'image ci-dessous.

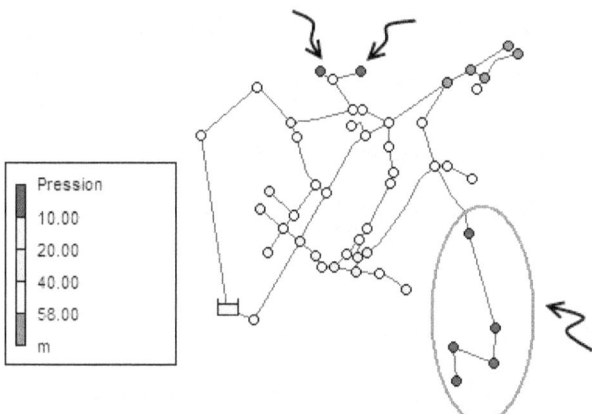

EPANET indique cette situation par une pression négative. En réalité, la pression n'est pas réellement négative, simplement l'eau n'arrive pas jusque-là. Pour cette raison, vous pouvez rencontrer la situation suivante, où l'eau passe par le nœud B alors que le nœud A est à sec. En réalité, un tel nœud empêche l'eau d'arriver dans les nœuds situés plus bas.

Si vous rencontrez toujours des pressions négatives peu importe le diamètre des tuyaux installés, vous êtes peut-être en train d'utiliser des coefficients de frottement qui ne correspondent pas à la formule choisie. Si vous renseignez des valeurs de la formule de Hazen-Williams (autour de 120) pour la formule de Darcy Weisbach (autour de 0.1), vous allez devoir installer des diamètres énormes, et réciproquement.

https://youtu.be/tPt1Egyk37Y          (Negative pressures in EPANET)

# Solutionner les erreurs invisibles

Nous avons commencé par les erreurs faciles. Les suivantes sont plus dangereuses car elles pourraient vous conduire à considérer comme valable un modèle qui ne fonctionne pas.

### La chance du débutant

Vous êtes fatigués par le travail de collecte des données, vos yeux vous piquent à force de travailler devant un écran, vous avez accumulé stress et pression pour que le réseau fonctionne, vous lancez la simulation et voilààààà… Quelle chance ! Du premier coup !

Cette erreur est aussi douce à avaler qu'un bonbon, mais ses conséquences vous ramèneront à la réalité aussi vite que la gifle d'un amoureux éconduit. « Simulation réussie » peut se traduire par « les tuyaux sont suffisamment grand pour que l'eau arrive avec une pression suffisante à tous les nœuds ». Suffisamment grand va du diamètre le plus petit capable de remplir cette condition jusqu'à l'infini. Pour EPANET, les tuyaux pourraient avoir le diamètre du système solaire. Après tout, ce n'est pas lui qui va en assumer le coût !

Si la simulation a réussi, l'étape suivante consiste à repérer les tuyaux qui sont trop gros et réduire petit à petit leur diamètre jusqu'à obtenir le plus petit diamètre permettant de maintenir une pression suffisante en tout point du réseau.

### Oublier de lancer la simulation

Fréquemment, après un schéma correct, démarre une phase de petites modifications ou bien une idée de dernière minute nous vient à l'esprit. On réalise alors une ou deux corrections et comme les résultats de la simulation précédente s'affichent à l'écran, on les prend pour bons. **Lancez toujours une simulation après la réalisation de modifications sur votre schéma.**

En cas d'oubli, EPANET vous le signale par un robinet brisé dans la partie inférieure de votre écran. Plissez-bien les yeux car il est peu visible !

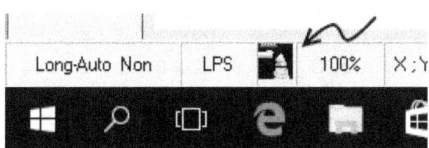

## Ne pas saisir la demande

Une autre raison qui peut expliquer un message précoce de simulation réussie est **l'absence de demande**. Cela revient à laisser le réseau au point mort, il n'a pas de demande, « tout est valide ». Il est possible que vous ayez tout simplement oublié de saisir la valeur de la demande, c'est-à-dire que tous les nœuds possèdent une *Demande de Base* égale à 0.

Pour vérifier si c'est bien le cas, cliquez sur *Requête* :    ?{¦

Renseignez les champs de la fenêtre comme sur l'image ci-dessous et cliquez sur *Chercher*. Les nœuds remplissant ces conditions apparaîtront plus gros et en rouge ; en gris dans la version noir et blanc de ce manuel. Dans tous les cas, c'est évident, sur l'image, ils sont concentrés dans la partie supérieure droite du réseau.

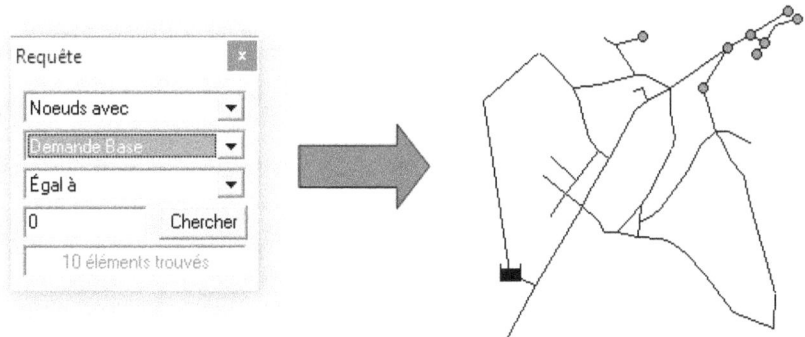

## Autres erreurs

Il y a beaucoup d'erreurs possibles, la majorité est liée aux données saisies dans le schéma. En utilisant la fonction *Requête*, comme dans le paragraphe précédent, faites les vérifications suivantes :

1. Tous les points sont cotés. Introduisez « Nœuds avec altitude égale à 0 » dans la fenêtre de recherche.

2. Les tuyaux n'ont pas une longueur par défaut. Indiquez « Arcs avec longueur égale à 100 » (ou la valeur par défaut que vous avez saisie > *Projet / Par Défaut / Propriétés).*

3. Les tuyaux possèdent un coefficient de frottement. Indiquez « Arc avec rugosité supérieure à 1 ».

## Visualiser les résultats d'une simulation

Si vous utilisez la version française, le schéma vous montrera certains paramètres par défaut. Vous obtiendrez un résultat similaire à celui-ci:

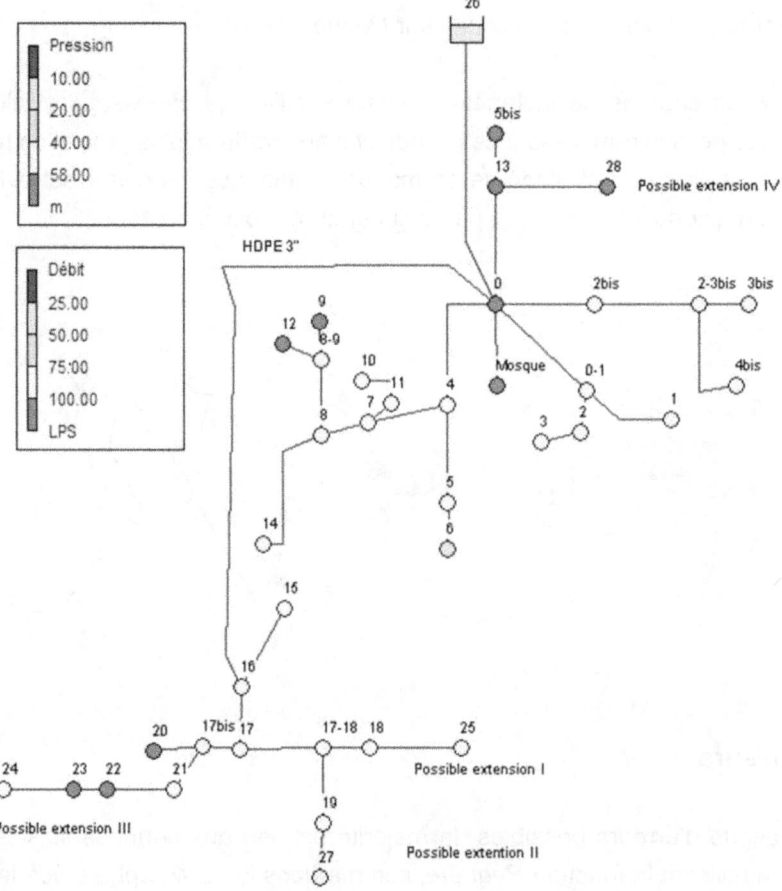

Bien qu'EPANET puisse vous montrer les résultats de plusieurs manières différentes, l'échelle de couleur est probablement la plus utile. Pour les tableaux et les graphiques, référez-vous au manuel d'EPANET où ils sont expliqués très clairement. Une erreur de débutant très fréquente est d'essayer de voir la pression dans les tuyaux. Rappelez-vous que certains paramètres sont visibles au niveau des tuyaux (vitesse) et d'autres au niveau des nœuds (pression).

Pour modifier ce que vous voyez sur le schéma, aller dans la fenêtre de Navigation et sélectionnez l'onglet *Schéma* .

Le premier menu déroulant concerne les paramètres associés aux nœuds, le second, ceux associés aux arcs, et le troisième renvoie à l'heure de la journée. Les icones ⏮ ◀ ⏹ ▶ permettent d'avancer, de revenir en arrière ou d'arrêter la succession des états du réseau à chaque heure. Ces dernières n'apparaissent que lors des analyses sur une période étendue.

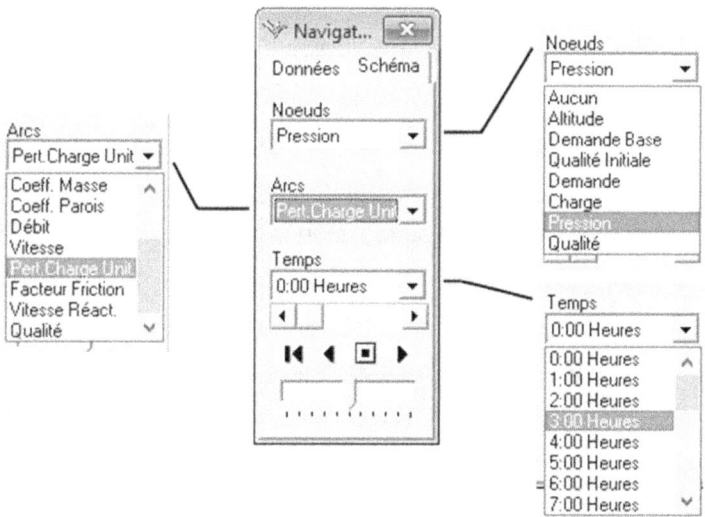

Ensuite, vous devez vérifier que les critères de simulation statique sont corrects. Ainsi, pour voir par exemple la perte de charge unitaire, sélectionnez *Pert. Charge. Unit.* dans le menu *Arcs.* Editez la légende comme expliqué au Chapitre 3 pour visualisez les limites de votre modèle. A partir de là, jouez avec les différents éléments et paramètres du réseau jusqu'à obtenir les critères de calcul définis au préalable.

## Quelques recettes pour remplir les critères de calcul

Avec la pratique, vous gagnerez en expérience sur la meilleure manière d'atteindre les critères de calcul définis préalablement. Chaque réseau est unique et il n'existe pas de formule magique permettant de l'optimiser. Je sais qu'une affirmation comme celle-ci est de nature à décourager les débutants qui cherchent une recette à suivre. Pour cette raison, afin de vous aider dans vos premiers essais et d'accélérer le processus d'apprentissage, je vous recommande de réaliser les actions suivantes qui possèdent le plus de probabilité de solutionner les problèmes rencontrés. J'ai pleinement confiance en le fait que vous avez compris qu'elles ont leurs limites et qu'elles ne sont pas infaillibles.

### A. Certains nœuds possèdent une pression inférieure à 1 bar :

1. Augmentez le diamètre des tuyaux en aval du nœud :

2. Ajoutez un tuyau depuis un autre nœud :

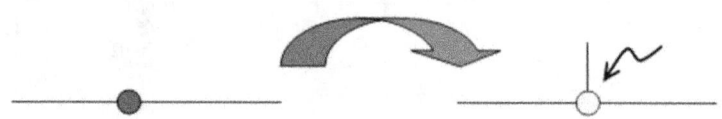

3. Renforcer l'approvisionnement en eau d'un consommateur important :

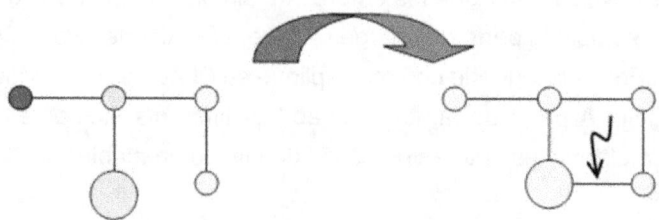

## B. Un groupe de nœuds possède une pression inférieure à 1 bar :

1.  Aux alentours d'un réservoir, d'une station de pompage ou d'une bâche qui fonctionne par gravité, augmentez le diamètre des premiers tuyaux. Elever le réservoir doit être considéré comme la dernière option à cause des coûts de pompage qu'il implique.

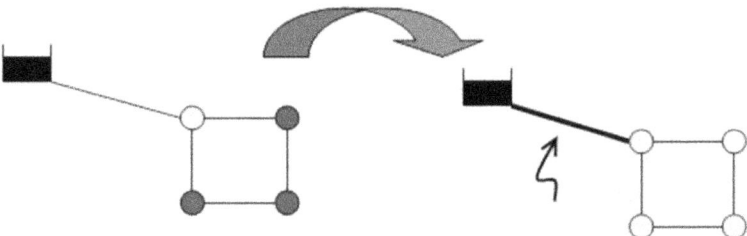

2.  Dans les nœuds éloignés des réservoirs, bâches surélevées ou stations de pompage, essayez d'augmenter le diamètre des tuyaux qui alimentent ce secteur (cas A1) ou essayez d'ajouter un réservoir en hauteur à l'extrémité de la zone concernée.

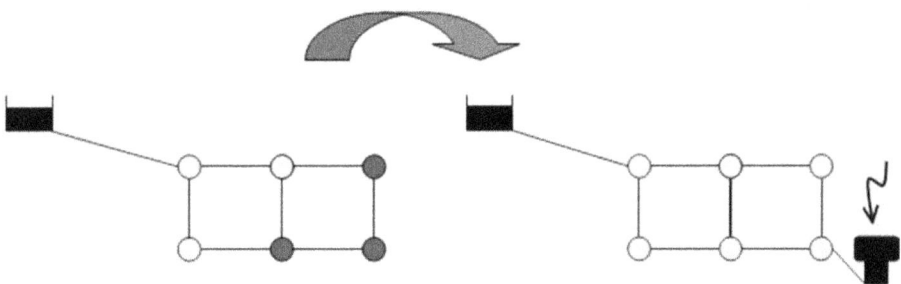

3.  S'il y a une grande différence d'altitude entre deux parties d'un réseau, limitez les voies d'eau descendantes, en diminuant leur diamètre ou enlevant directement les tuyaux concernés. Essayer d'établir des zones de pression.

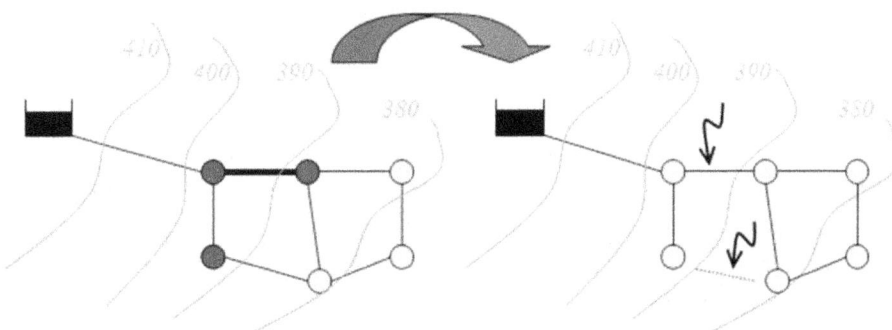

## C. Autres :

1. Si vous obtenez des vitesses supérieures à 2 m/s, le tuyau est probablement trop petit : augmentez le diamètre.

2. Si vous obtenez des vitesses inférieures à 0.2 m/s, le tuyau est probablement trop grand : diminuez le diamètre.

3. Si le coefficient de frottement est supérieur à 10 m/km, le tuyau est probablement trop petit : augmentez le diamètre.

4. Si le coefficient de frottement est inférieur à 2 m/km, le tuyau est probablement trop grand : diminuez le diamètre.

La pression prend le pas sur tous les autres critères. Au final, c'est d'elle que dépendra le débit dont bénéficiera chaque usager. Lorsque que les valeurs seront comprises dans la marge prévue au départ, vous pourrez jouer avec les autres paramètres afin d'optimiser votre réseau.

## Bassin de rupture de pression

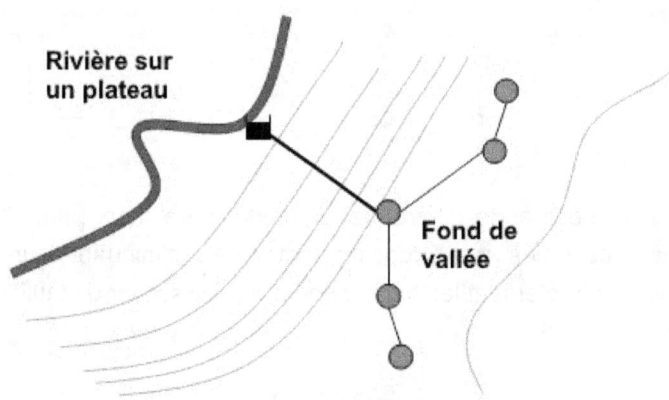

Dans ce cas, la source est très élevée en comparaison des points de distribution et la pression sera excessive. Pour éviter ce problème, vous pouvez dépressuriser le réseau en construisant un bassin de rupture de pression à mi-chemin. Comme de toute façon, le réseau sera dépressurisé, le premier tuyau qui va de la source au bassin de rupture de pression peut être de petite taille pour faire des économies, ce qui donnera lieu à des vitesses et à une perte de charge unitaire supérieures à celles habituellement prévues.

Il est également possible que vous ayez pensé à installer des tuyaux de petite taille sur l'ensemble du réseau afin d'éviter les pressions excessives. Le problème est que l'eau perdra de l'énergie lorsqu'elle est en mouvement mais la pression restera excessive durant les périodes de faible consommation.

Observez dans notre exemple où a été situé le bassin de rupture de pression et ce à quoi il ressemble.

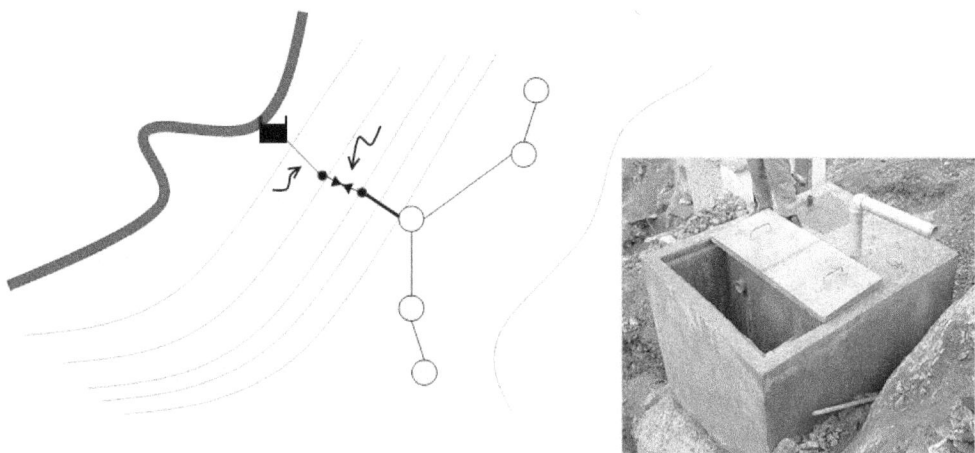

## Zones de pression

Parfois, il n'est pas facile d'approvisionner une zone entière et d'avoir tous ses utilisateurs dans la plage de pression correcte. C'est souvent le cas, par exemple, dans une ville située sur le flanc d'une vallée. Si les utilisateurs les plus hauts se trouvent à plus de 20 m au-dessus des plus bas, il est déjà impossible de les approvisionner tous avec le rang de 10 à 30 m. Si la différence est de 45 m, par exemple, lorsque les plus hauts ont 10 m de pression, les plus bas, eux, ont 55 m. Vous avez un problème similaire à celui de dormir avec une couverture trop courte : soit vos pieds ont froid, soit votre tête a froid !

En plus de la pression, les zones de pression présentent des avantages en termes d'économie des coûts de pompage car elles évitent de pomper toute l'eau vers la zone la plus élevée et elles permettent également d'économiser de l'eau car au-delà d'une certaine pression, les augmentations ultérieures signifient un débit plus élevé des robinets et des fuites sans amélioration notable du niveau de service. Je vous recommande de regarder cette vidéo pour le comprendre de manière très visuelle :

▶ https://youtu.be/OcKzVfG-pKM (Managing pressure)

## Observer un modèle sur une période étendue

Lorsque vous avez stabilisé le modèle en mode statique, vous pouvez réaliser votre analyse sur une période étendue. Si vous avez configuré EPANET comme expliqué dans la partie « Un axe de travail », vous n'avez plus qu'à aller dans l'onglet *Schéma* de la fenêtre de *Navigation* et cliquez sur le bouton « *play* ». Observez les changements de couleurs des différents éléments au fil du temps. S'ils ne changent pas, il doit manquer une courbe de modulation précisant la consommation ou bien l'échelle de la légende est trop grande pour voir les différents changements.

Vérifier que les paramètres du schéma sont corrects, en tenant compte des éléments suivants :

    1. Les périodes de faible consommation
    2. Les périodes de forte consommation
    3. L'évolution d'un paramètre donné au fil du temps

## Protection contre les incendies

Il s'agit de l'eau disponible en cas d'incendie. Pour cela, il faut pouvoir garantir :

a) **Une réserve en cas d'incendie**, c'est-à-dire un volume d'eau exclusivement destiné à cette fin. Les normes varient d'un pays à l'autre, mais normalement c'est le volume équivalent au débit nécessaire en cas d'incendie durant deux heures.

b) **Un débit suffisant** en cas d'incendie en fonction de la population (type et nombre).

En pratique, les besoins sont tellement grands que le débit en cas d'incendie équivaut à plusieurs fois la demande de pointe de la population et finirait par déterminer la taille du réseau. Dans le domaine de la Coopération, j'ai identifié deux approches : soit la protection en cas d'incendie est totalement ignorée, soit la norme occidentale est appliquée aveuglément. Ignorer la nécessité de prévoir une protection contre les incendies est une canaillerie qui ne mérite pas davantage de commentaires. Appliquer la norme occidentale ou celle du pays est parfois disproportionné.

Je pense qu'il y a un juste milieu. Le définir n'est pas chose facile. Dans tous les cas, en parler avec les pompiers localement et recueillir leurs idées est une bonne chose, en désignant par pompiers les personnes qui participeront à l'extinction d'un incendie (ce n'est pas nécessaire qu'ils portent un casque blanc et soit vêtu d'un uniforme).

Souvent, bien plus que le débit, le plus important est de garantir **une réserve d'incendie,** pour modeste qu'elle soit, pour qu'un feu minuscule ne devienne pas une catastrophe du fait les réservoirs soient aussi secs que des os.

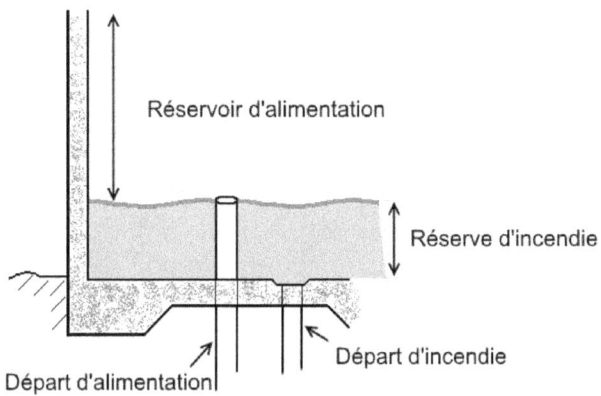

# CHAPITRE 8

# Aspects économiques

## Introduction à l'évaluation économique

Une évaluation économique cherche à répondre à certaines questions telles :

- Quelle est l'alternative la plus économique à construire ?
- Laquelle implique le moindre coût journalier ?
- La population sera-t-elle capable d'assumer les coûts d'exploitation du réseau ?
- Pourra-t-elle éviter que les installations deviennent obsolètes en assumant les frais qui en découlent ?

Elle possède deux objectifs principaux :

- **Définir l'alternative permettant d'atteindre à moindre coût les objectifs fixés.**

- **Vérifier que les coûts d'exploitation sont compatibles avec ce que les usagers sont disposés** à payer afin que le réseau soit viable après le départ des bailleurs.

En pratique, il s'agit de comparer les coûts de chacune des alternatives que vous avez envisagées. Chaque alternative comporte une facture d'investissement (l'achat d'une voiture par exemple) et une facture de fonctionnement (assurance, essence, pannes...). Nous détaillons dans les paragraphes suivants comment les calculer, mais avant tout chose, il est nécessaire de faire un rappel.

## L'importance de l'éthique

Au cours de ma modeste expérience, il m'a rarement été donné de voir des projets incluant une analyse économique. Généralement, on se contente de vérifier seulement si le réseau et ses composants fonctionnent : le générateur, la pompe... Que le générateur fonctionne hors des valeurs conseillées avec une efficacité très faible est une considération bien souvent laissée aux usagers.

Une analyse économique des usagers est indispensable. Un système très coûteux ne fonctionnera pas, dans le sens où il ne permettra pas d'améliorer leurs conditions de vie. Il sera vite abandonné au grand dam de l'organisation qui l'aura installé et qui se retranchera derrière les usagers qui « ne réalisent aucun entretien et sont une calamité ». Si l'entretien des installations constitue déjà un défi en soi, l'absence d'analyse économique n'aide en rien.

Dans le cas, si fréquent, où il est demandé à la communauté de participer, le sujet peut devenir brûlant. Il existe un risque important de provoquer un impact clairement négatif. Les bénéficiaires font confiance à la capacité technique de l'assistance fournie et leur investissement est lié aux résultats. Si, comme pour la pisciculture de San au Mali, chaque kilo de poisson finit par coûter 4000 dollars[9], le travail et l'illusion de beaucoup de personnes n'auront abouti qu'à empirer la situation.

## Absurdités courantes

En plus de l'absence complète d'études économiques, les trois écueils les plus fréquents en lien avec ces considérations économiques sont :

1. **Les « économies de bout de chandelle ».** Cet écueil fait référence à l'obsession économique, en proposant des activités qui, en réalité, sont une perte de temps et d'argent, compromettent les résultats et désespèrent et démotivent les personnes concernées. Cette approche consiste principalement à économiser de l'argent à tout bout de champ pour diminuer tous les frais.

2. **Le « despotisme économique ».** Il renvoie à la pensée que tout est déterminé économiquement. Pour éviter les polémiques, nous préciserons que même si tout était déterminé par l'économie, notre capacité à la mesurer est limitée. Par exemple, quelle valeur donnez-vous à l'éducation d'une personne ? 1 dollar. A-t-elle vraiment la même valeur pour un occidental moyen et pour une personne vivant sous le seuil de pauvreté ? Et pourtant, ces deux dollars permettront d'acheter la même quantité de pommes de terre. Où est la faille ? Il serait insensé de ne se laisser guider que par l'efficacité pure avec fanatisme. Cela reviendrait à éluder beaucoup de ce qui est considéré comme réellement important par la population.

---

[9] *Handcock G. 1989. "Lords of Poverty"*

3.  **Les calculs vagues d'idées diffuses.** Il s'agit de calculer et budgéter des choses qui sont à peine définies. Pour connaître le coût de quelque chose, il faut en connaître la nature : x km de tel tuyau, x vannes de tel type, x camions de sable… Calculer le coût d'un "réseau" sans davantage de détails revient à calculer le coût d'un "aliment". Avant de solliciter un financement, vous devrez réaliser un premier calcul, ou au moins une première estimation, du coût de votre réseau.

## Déterminer combien la population est prête à payer

L'objectif principal d'une évaluation économique est de vérifier que le coût de fonctionnement du réseau rentre dans la frange de ce que les usagers sont prêts à payer afin que ce dernier perdure après le départ des bailleurs. C'est-à-dire que ce n'est pas la personne qui conçoit le réseau mais les usagers qui doivent décider si les frais d'investissement et de fonctionnement sont acceptables ou non. Il est donc primordial de pouvoir communiquer avec les futurs utilisateurs du réseau. **L'eau ne devrait pas représenter plus de 3 % du revenu des familles.**

Parfois, l'information est à portée de main. Il suffit d'examiner le coût des systèmes traditionnels.

Les techniques pour savoir combien une personne est disposée à payer ne rentrent pas dans les objectifs de ce livre mais vous pouvez vous référer à l'ouvrage publié par le WEDC, *"Willingness-to-pay surveys"*, téléchargeable gratuitement en anglais sur plusieurs sites. Faites une recherche dans votre navigateur.

# Calculer la facture d'investissement

C'est la facture des équipements et installations, elle est payable au comptant et constitue l'élément le plus important du budget. C'est aussi celle qui attire le plus l'attention.

### Amortissement et dévaluation de l'argent dans le temps

Bien que l'investissement se paye comptant, les coûts peuvent être répartis  sur l'ensemble des années de vie de l'installation en question. Pour autant, une des premières choses à faire est de calculer la période d'amortissement, en d'autres termes, combien de temps nous prétendons pouvoir utiliser ce que nous sommes en train d'acheter ou de construire. Ce n'est pas une décision facile. Quelle est la durée de vie d'un réseau d'eau? D'une maison? Pour compliquer davantage les choses, la durée de vie, par exemple d'une maison, dépendra des coûts d'entretien que nous pouvons assumer, coûts qui font partie de la facture de fonctionnement.

Ne vous affolez pas ! Rappelez-vous que l'évaluation économique reste une méthode approximative et qu'il existe des critères raisonnables à considérer. Par exemple, dans le cas d'un réseau d'eau, cette période d'amortissement doit au moins être égale à l'horizon de conception du réseau. S'il est conçu pour une durée de 30 ans, la période d'amortissement sera de 30 ans. Il suffit de diviser l'investissement réalisé par le nombre d'années pour obtenir la facture d'investissement par an.

Il y a, de plus, un second aspect à prendre en compte : la valeur de l'argent diminue avec le temps. Si en 1950 un ticket d'autobus coûtait un centime et demi, aujourd'hui il coûte 3.50 $. Pour quelles raisons ? Au fil des ans, pour compenser la perte de valeur de ce centime initial, le prix du ticket a dû augmenter. Un centime de l'année précédente coûtait un centime et demi l'année suivante et ainsi de suite jusqu'à atteindre 3,50 $ en 20 ans. C'est pourquoi, pour comparer différentes factures il faut les transposer au même moment, en général, au moment du début du projet.

## Calculer la facture annuelle d'investissement

Après ce bref aperçu théorique, qui peut être complété par n'importe quel livre d'Economie, voici la procédure à suivre pour calculer la facture annuelle d'investissement :

1.  Recherchez quel est le **taux d'intérêt « i »** que vous offrirait une banque si vous y déposiez l'équivalent du montant total du projet et rapportez ce taux à 1. Par exemple, 3 %  → i = 0.03.

2.  Déduisez le **taux d'inflation « s »** pour la période considérée. Vous pouvez regarder quelques bilans (annuels) de la Banque Mondiale et les interpréter de la meilleure manière. Je dis déduire car vous ne pouvez pas savoir comment ce taux va évoluer dans le futur. Vous devrez également rapporter ce paramètre **« s »** à 1.

3.  Calculer le **taux d'intérêt réel « r »**. Il prend en compte aussi bien le taux d'intérêt que le taux d'inflation. Si le taux d'inflation est supérieur au taux d'intérêt bancaire, votre argent a plus de valeur aujourd'hui qu'il n'en aura plus tard. S'ils sont égaux, sa valeur se maintiendra. Si le taux d'intérêt bancaire est supérieur au taux d'inflation, alors sa valeur augmentera avec le temps. Le taux d'intérêt réel est calculé en appliquant la formule suivante :

$$r = \frac{1+i}{1+s} - 1$$

4.  Calculez ensuite le **taux d'amortissement $a_t$** pour t d'années :

$$a_t = \frac{(1+r)^t * r}{(1+r)^t - 1}$$

5.  La facture d'investissement par an sera égale au montant investi M, multiplié par le taux d'amortissement :

$$F = M * a_t$$

## Exemple

Evaluons un réseau d'adduction d'eau budgété à 100 000€ et conçu sur un horizon de 30 ans. Le taux d'intérêt offert par les banques est de 5 % et l'inflation de ces dernières années de 4,5.

Le taux d'intérêt est de 5% : i = 0.05, et le taux d'inflation est de 4.5 % : s = 0.045.

Le taux d'intérêt réel est de :

$$r = \frac{1+i}{1+s} - 1 = \frac{1+0.05}{1+0.045} - 1 = 0.00478$$

Le taux d'amortissement de :

$$a_t = \frac{(1+r)^t * r}{(1+r)^t - 1} == \frac{(1+0.00478)^{30} * 0.00478}{(1+0.00478)^{30} - 1} = 0.03586$$

La facture annuelle d'investissement sera égale à : F = 100 000€ × 0.03586 année[-1] = 3586.24 €/an, approximativement 3586 €/an.

Remarquez que le résultat est différent de 100 000€ / 30 ans = 3 333.3 €/an. En effet, la valeur corrigée de l'investissement, appelée valeur présente, est en réalité de F × 30 ans = 107 587€ et non de 100 000€.

# Calculer la facture de fonctionnement

Dans les réseaux non gravitaires, le pompage représente la principale dépense, suivie généralement du traitement de l'eau. D'un point de vue conceptuel, cette facture de fonctionnement est beaucoup plus simple à calculer. Il s'agit d'inventorier tous les frais générés par le réseau durant une année de fonctionnement. Néanmoins, certains coûts sont plus difficiles à évaluer, comme les pannes par exemple. En Coopération, les décisions économiques sont rarement aussi précises, les pannes sont des frais comparativement mineurs dans les réseaux correctement conçus. Il y a également d'autres problèmes qui, dans une moindre mesure, peuvent surgir. Je vous conseille de ne pas les prendre en compte.

## Dépenses liées au pompage

Fréquemment, il n'est pas nécessaire d'utiliser EPANET pour calculer ce type de dépenses. Elles sont calculées plus rapidement à la main en utilisant cette équation :

$$E(kWh) = \frac{mgh}{3.6 * 10^6 \, \eta}$$

Où :

      m est la masse d'eau/jour en kg (1 litre d'eau = 1 kg d'eau)

      h, la hauteur de pompage

      g est égal à 9.8 m/s²

      η, le rendement. 0.6 est une valeur réaliste.

Prenons un exemple :

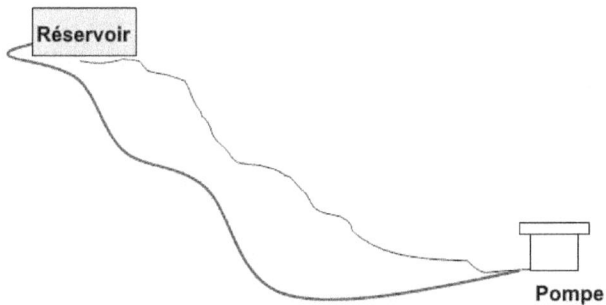

Une station de pompage alimente le réservoir qui approvisionne la ville. Chacun des 1 000 habitants recevra 50 litres d'eau par jour. Le kWh coûte 0.40 € et ne varie pas au cours de la journée. La hauteur totale de pompage est de 70 m :

La consommation annuelle sera égale à : 365 jours x 1000 hab × 50 l/hab×jour × 1 m³/1000 litres = 18 250 m³.

$$E(kWh) = \frac{mgh}{3.6 * 10^6 \, \eta} = \frac{18250000 kg * 9.8 m/s^2 * 70m}{3.6 * 10^6 \; * 0.6} = 5796.06 kWh$$

Le coût annuel sera de : 5796.06 kWh/an × 0.4 €/kWh = 2318.43 €/an

Fréquemment, l'énergie électrique est produite sur place à l'aide d'un générateur. Dans ce cas, le prix du kWh dépend du prix du diesel. La consommation d'un générateur classique est de 0,35 litre de diesel par kWh produit.

Dans l'exemple précédent, si le diesel coûte 1 €/litre, alors :

5796.06 kWh/an × 0.35 litre/kWh × 1 €/ litre = 2028.62 €/an

On procède ensuite de la même manière pour obtenir le coût annuel de fonctionnement.

**Quand utiliser EPANET ?**

Dès que le calcul devient laborieux, surtout si :

- Le réseau est directement alimenté par une pompe. La pression à vaincre par cette dernière va varier en fonction de la consommation horaire, tout comme le débit et le prix de l'eau par $m^3$.

- Il y a plusieurs pompes, même si leur fonctionnement est constant.

Dans le cas de pompes à démarrage/arrêt automatique ou à débit variable, deux cas peu fréquents en Coopération.

# Rapprochement des factures

Vous avez conçu les projets A, B et C. Pour chaque projet, vous avez calculé la facture annuelle d'investissement et celle de fonctionnement. Ce que vous devez faire maintenant est de les comparer. Ce rapprochement est simple, le projet le moins cher de notre exemple est le A.

| Type de facture | Projet A | Projet B | Projet C |
|---|---|---|---|
| Investissement | 8000 | 10 000 | 7000 |
| Fonctionnement | 3000 | 6000 | 4500 |
| **TOTAL** | **11 000** | **16 000** | **11 500** |

**Contextualiser les factures**

Que le projet A soit le moins cher ne veut pas nécessairement dire qu'il représente le meilleur choix. D'autres de critères entrent en ligne de compte ; par exemple, dans un contexte d'Urgence, la rapidité de la construction prendra le pas sur son coût. Pour prendre en compte tous les critères de décision, ce que j'appelle « contextualiser une facture », il faut faire une **pondération**.

En effet, il nous est particulièrement difficile d'évaluer de tête 4 à 5 variables en même temps. Imaginez que l'on vous demande ce que vous voulez manger tout en comptant les jours entre le 8 janvier et le 23 février... Nous avons tendance à ne considérer qu'un seul paramètre et ignorer le reste. Je parierais que vous répondriez : « La même chose que toi ! ».

Pour rester objectif, il s'agit d'analyser les différentes variables une à une, indépendamment les unes des autres. Le processus est simple. Pondérez chaque critère (rapidité, coût, perspective de genre...) en fonction de leur importance. Ensuite, évaluez chacun des projets (puits, acheminement par camion, distribution gravitaire...) en fonction des différents critères. Le projet qui obtient la plus haute pondération constituera le meilleur choix, en gardant à l'esprit que le critère apportant le plus de bénéfices, en vertu de son abondance ou rareté, ou de son manque, doit être prépondérant.

Supposons qu'une inondation ait endommagé la station de pompage d'une petite ville fluviale et que je doive choisir entre réparer la station ou faire venir des camions citernes depuis le village voisin (je n'ai pas assez de fonds pour faire les deux). Dans cette situation, la rapidité est primordiale ; je la ponctue à 9 sur une échelle de 10. J'ai des fonds en quantité suffisante pour l'une ou l'autre des options, le coût a donc moins d'importance ; je la ponctue de 4 sur 10. Dans le cas du camion-citerne, la rapidité est évidente, je lui donne 10. Le coût étant élevé, je lui mets un 0. Reconstruire la station est une procédure qui prendra plus de temps car il faut commander les composants en Angleterre, je lui donne 1. Cependant, c'est une option relativement économique car seules quelques pièces électriques ont été endommagées. Je mets 8.

(A) Camion-citerne :                    (B) Réparation

| | | | | | |
|---|---|---|---|---|---|
| Rapidité | $9 \times 9 = 81$ | | Rapidité | $1 \times 9 =$ | 9 |
| Coût | $0 \times 4 =$ 0 | | Coût | $8 \times 4 =$ | 32 |
| **TOTAL** | **= 81** | | **TOTAL** | **= 41** | |

L'option du camion-citerne est celle qui obtient la ponctuation la plus haute, c'est donc cette alternative qui a été choisie.

Certes, cet exemple est très simpliste. Voici un cas réel en Tanzanie :

| Critères | Pompage (A) | | Gravité (B) | | |
|---|---|---|---|---|---|
| | Evalué | Compensé | Evalué | Compensé | Coeff. |
| Quantité d'eau produite | 2 | 20 | 9 | 90 | 10 |
| Qualité de l'eau | 5 | 40 | 7 | 56 | 8 |
| Risque d'acheminement par camion faible | 1 | 8 | 9 | 72 | 8 |
| Pertes pour retour réfugiés | 9 | 63 | 2 | 14 | 7 |
| Risque d'émeute faible | 1 | 7 | 10 | 70 | 7 |
| Stockage | 1 | 7 | 9 | 63 | 7 |
| Multiplicité des sources | 2 | 12 | 8 | 48 | 6 |
| Perspective de genre | 3 | 18 | 8 | 48 | 6 |
| Augmentation de la population desservie | 0 | 0 | 8 | 40 | 5 |
| Donation de fonds | 4 | 20 | 7 | 35 | 5 |
| Analyse économique | 7 | 28 | 4 | 16 | 4 |
| Bénéfices sociaux | 2 | 6 | 5 | 15 | 3 |
| Temps d'installation | 8 | 24 | 4 | 12 | 3 |
| Nécessité d'organisation | 2 | 4 | 4 | 8 | 2 |
| Complications | 8 | 16 | 5 | 10 | 2 |
| Risques techniques | 7 | 14 | 8 | 16 | 2 |
| TOTAL Pompe | 295 | | Gravité | 613 | |

Ces systèmes de pondération ne sont valables que s'ils sont réalisés de bonne foi et en toute honnêteté. Ne les utilisez pas pour justifier des alternatives qui ne sont pas justifiables, ou décidées *a priori*.

## Limites et sources d'incertitude

Vous avez eu l'occasion tout au long de ces explications de lire et déduire les limites qu'il faut prendre en compte. En voici quelques-unes :

1. Nous méconnaissons le taux d'inflation futur.

2. La durée de vie d'un appareil peut varier significativement en fonction des modèles. Bien qu'une voiture possède une durée de vie moyenne de 10 ans, il y en a qui dureront plus longtemps et d'autres moins.

3. La durée de vie moyenne d'un composant n'est pas une donnée précise, comme la durée de vie d'une personne. Il est difficile de déterminer avec précision la période de fonctionnement d'un réseau d'eau. Elle dépend en grande mesure de critères économiques. Un réseau risque d'être laissé à

l'abandon si les frais d'entretien sont excessifs, mais tout dépendra des autres alternatives disponibles et des coûts ultérieurs.

4.  Il y a des frais difficiles à évaluer, comme les pannes par exemple.

5.  L'évolution des prix est imprévisible. Le gasoil peut être multiplié par trois, la main d'œuvre augmenter avec le développement du pays ou les tuyaux suivre la baisse du prix du pétrole.

6.  ……

Il s'agit d'obtenir, malgré les incertitudes, une approche suffisamment précise pour pouvoir fonder nos décisions dessus. Après tout, aucune décision ne se prend en parfaite connaissance des choses, il reste toujours une petite part d'inconnu. Si vous gardez cette idée d'« approche suffisante » à l'esprit, vous verrez que ces limites vous gêneront beaucoup moins.

## Utiliser EPANET pour faire votre budget

Nous voulons qu'EPANET nous détaille le nombre de mètres de chaque type de tuyaux nécessaires pour ne pas devoir le calculer par nous-même. Malheureusement, les options d'exportation d'informations sont un peu limitées avec EPANET.

1.  Pour afficher la boîte de dialogue suivante, cliquez sur l'icône *Tableau* 🔲 et sélectionnez *Arcs du réseau*.

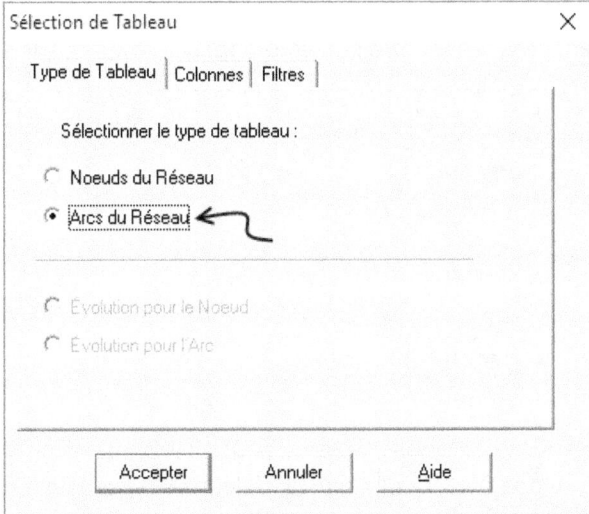

**2.** Cliquez sur *Accepter* pour ouvrir le tableau suivant :

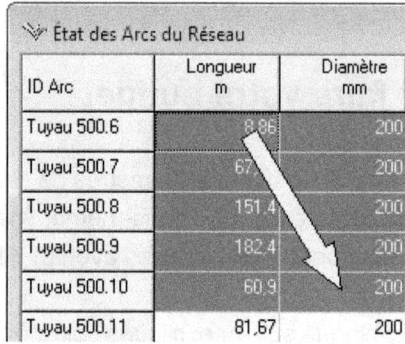

**3.** Sélectionnez les colonnes *Diamètre* et *Longueur* en cliquant sur la première case et en la faisant glisser sur le côté et vers le bas jusqu'à intégrer tous les tuyaux :

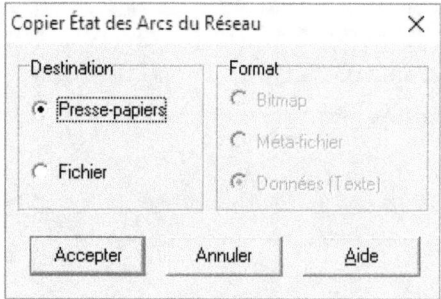

**4.** Pour copier, allez dans le menu > *Edition / Copier dans* (Ctrl C et Ctrl V ne fonctionnement pas). La fenêtre suivante apparaît, cliquez sur *Accepter.*

**5.** Copiez ces données dans une feuille de calcul, par exemple, Excel :

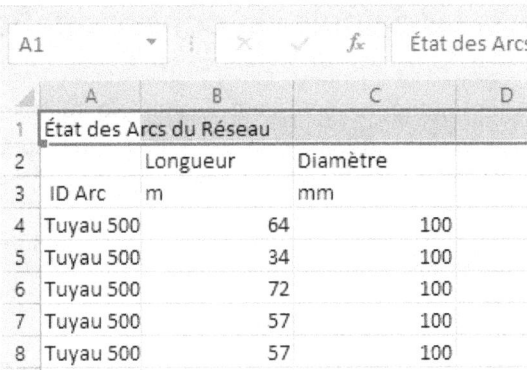

**6.** Dans Excel, allez dans > *Données / Trier.* Dans le menu, sélectionnez la colonne où sont les diamètres. Ainsi, les tuyaux de même diamètre se rassembleront les uns avec les autres et vous pourrez calculer le nombre de mètres nécessaire pour chacun d'entre eux.

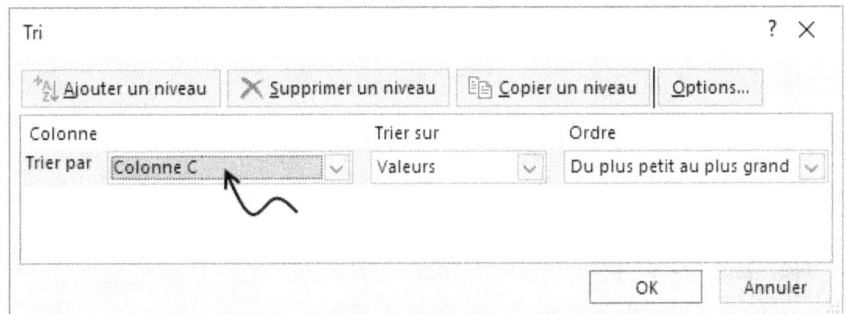

**7.** Calculer les totaux pour chaque diamètre et affectez un prix au mètre linéaire comprenant les fouilles, le rebouchage, l'installation, etc. Dans l'image ci-dessous, les données en bleu et en gras sont celles que nous avons rajoutées au cours de cette procédure.

| Io2 | Longueur | Diamètre | TOTAL | Prix au mètre | Sous-total |
|---|---|---|---|---|---|
| 24 | 77,9 | 100 | 253,28 | 60 | 15196,8 |
| 17 | 175,38 | 100 | | | |
| 32 | 230,05 | 100 | | | |
| 2 | 8,86 | 200 | 227,61 | 120 | 27313,2 |
| 3 | 67,35 | 200 | | | |
| 4 | 151,4 | 200 | | | |
| 5 | 182,4 | 250 | =SOMME(C4:C23) | | |
| 6 | 60,9 | 250 | SOMME(nombre1; [nombre2]; ...) | | |
| 36 | 81,67 | 300 | | | |
| 13 | 209,23 | 300 | | | |

C'est désormais à vous de jouer.

# Utiliser EPANET pour calculer la consommation d'énergie

Nous avons vu que dans la majorité des cas, il est plus simple ou moins source d'erreurs de réaliser ces calculs à la main. Si vous vous trouvez dans une situation plus complexe ou laborieuse, vous pouvez éditer un *Rapport d'Energie* similaire à celui-ci :

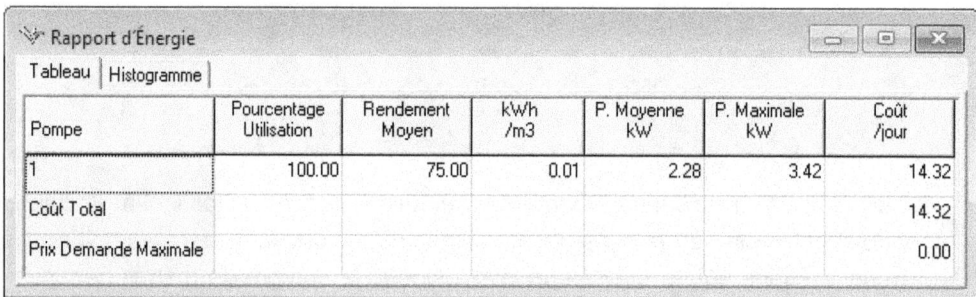

Pour ce faire, procédez de la manière suivante :

1. Déterminez le prix de l'énergie et ses variations le cas échéant. Comme beaucoup de pays ont un excédent énergétique durant la nuit, fréquemment l'électricité est moins chère la nuit.

2. Dans l'onglet *Données* de la fenêtre de *Navigation*, sélectionnez *Options* puis *Energie* pour afficher la boîte de dialogue suivante :

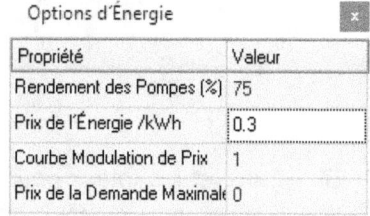

3. Saisissez le prix au kWh. Si l'énergie est produite par un générateur, le prix du kWh équivaut à 30 % du prix du litre du diesel. S'il y a des variations horaires du prix, créez une courbe de modulation comme expliqué au Chapitre 3. Le *Prix de la Demande Maximale* n'est utilisé qu'en cas de facturation par demande maximale, ce qui est peu fréquent.

4. Pour obtenir le *Rapport d'Energie*, allez dans >*Rapport / Energie*.

Pour réaliser une analyse plus fine, vous pouvez également introduire une courbe de modulation pour le rendement. Cette dernière, souvent représentée par «η », est fournie par le fabricant de la pompe et s'exprime en %. Elle renvoie au rendement total de la pompe. Pour la créer, allez dans l'éditeur de courbes de comportement comme expliqué au Chapitre 4 pour les courbes de volume.

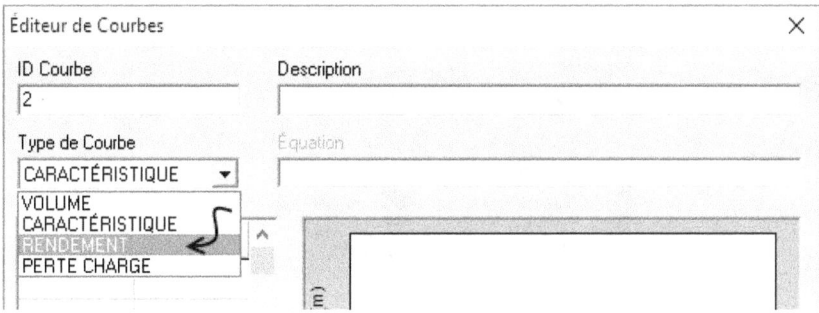

Pour saisir la courbe, cliquez sur la pompe concernée et renseignez le champ *Courbe Rendement.*

# L'échelle des coûts

La nature de l'infrastructure induit différents types de coûts générés lors de la construction du réseau. Certains auteurs, comme Stephenson[10], proposent une répartition générale des coûts de type : 55 % de l'investissement financent les tuyaux et 25 % l'ouverture (ou les fouilles) des tranchées et l'installation du réseau. D'après mon expérience, en Coopération, et sans prendre en compte les frais de structure de l'ONG et l'exploitation des ressources hydriques (forage, etc.), les chiffres suivants sont plus proches de la réalité :

| | |
|---|---|
| 1°. Tuyauteries et accessoires | 36 % |
| 2°. Excavation | 31 % |
| 3°. Sable | 16 % |
| 4°. Regards pour vannes et clapets | 11 % |
| 5°. Installation des tuyaux | 5 % |

Certaines conclusions sont ici intéressantes : les points 2, 3, 4 et 5 peuvent être considérés comme indépendants du diamètre des tuyaux.

Les **deux tiers de l'investissement sont indépendants du diamètre** des tuyaux. Faites attention que les **économies téméraires dans les tuyauteries** ne finissent pas par te coûter cher !

---

[10]Stephenson (1981) *"Pipeline Design for Water Engineers".*

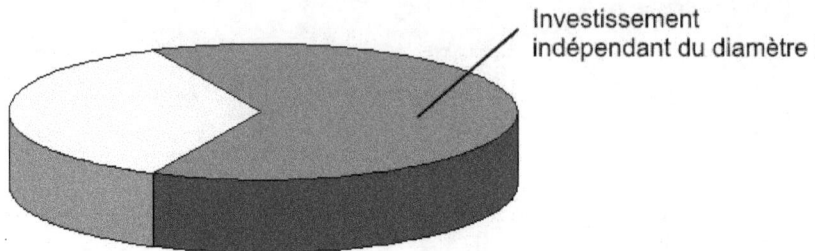

Investissement
indépendant du diamètre !

Cette conclusion est tellement importante qu'elle mérite qu'on lui consacre une section à part entière.

## La « diamétrose sèche »

Ce n'est évidemment pas un terme d'ingénierie mais bien une invention propre afin que vous vous souveniez que cette maladie touche beaucoup de réseaux construits, et ce peu importe le contexte. C'est généralement le fruit d'une approche « économies de bout de chandelle » ou de l'obligation de construire un réseau qui « doit coûter moins que x » (pour pouvoir le présenter à un appel d'offre).

Il s'agit principalement d'économiser sur l'achat de tuyaux en limitant leur diamètre au strict minimum. Les réseaux obtenus sont très peu tolérants aux erreurs de conception ou aux variations. Ils ne sont pas facilement extensibles, atteignent des coûts d'exploitation élevés et laissent tomber les usagers au moment de la journée où ils ont le plus besoin d'eau. Il n'est pas surprenant que ces réseaux s'assèchent fréquemment. S'ils s'accompagnent en plus d'économies au niveau du matériel de protection des tuyaux (le sable) et de l'excavation, le résultat ne se prêtera certainement pas aux félicitations.

**Devoir doubler un tuyau parce qu'il n'est pas capable de maintenir un débit suffisant coûte assez cher**. Prenons un exemple en comparant le coût de 1000 mètres de tuyaux de 200 mm de diamètre avec celui de deux tuyaux de la même longueur de 160 et 125 mm véhiculant la même quantité d'eau. Vous remarquerez que de 160 à 200 mm, il n'y a qu'un saut dans l'échelle des diamètres :

|  | 200 mm | 160 + 125 mm |
|---|---|---|
| Prix tuyaux | 21 000 | 13 500 + 8100 |
| Installation etc. (64 %) | 37 300 | 37 300 + 37 300 |
| **TOTAL** | **58 300 €** | **96 200 €** |

Pour autant, soyez généreux avec les diamètres des tuyaux, notamment quand ils sont en plastique, et vous permettrez à la population desservie de :

1. Retarder l'extension du réseau
2. Faciliter l'extension du réseau
3. Diminuer radicalement les coûts de pompage.

**Etre généreux... mais jusqu'où  et comment ?**

Etre généreux avec les diamètres des tuyaux installés aura deux conséquences principales : une détérioration de la qualité de l'eau à cause d'un temps de séjour supérieur dans le réseau et une augmentation des coûts.

Les tuyaux pour lesquels je vous conseille de privilégier cette approche sont les suivants :

(1) Les descentes de réservoirs ou les sections à pompage.
(2) Les tuyaux qui forment une maille.
(3) Les tuyaux importants qui pourraient former une maille ultérieurement.
(4) Les tuyaux qui alimentent les zones avec un potentiel de développement.

Dans l'image ci-dessous, les candidats ont été surlignés :

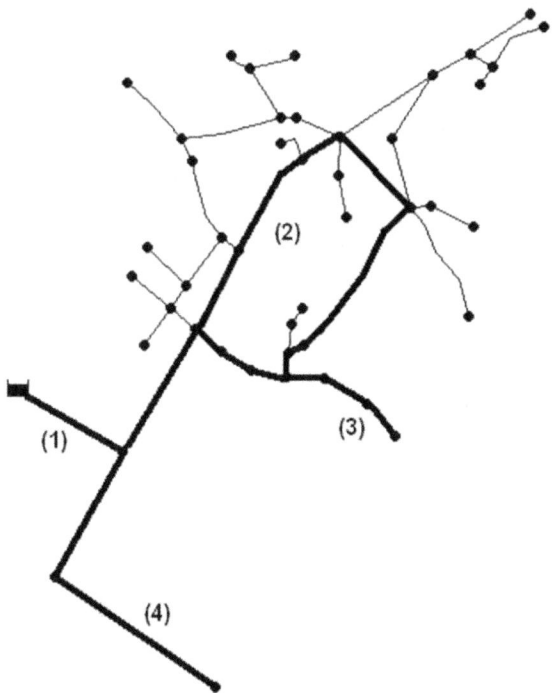

La question suivante est de savoir de combien vous devez les augmenter. Il y a un diamètre en dessous duquel il y aura une diminution spectaculaire de la capacité de transport. Choisissez **deux diamètres au-dessus du premier diamètre d'échec**, c'est-à-dire, le diamètre juste au-dessus du premier qui fonctionne.

Le graphique ci-dessous représente l'évolution de la pression de plusieurs tuyaux dans le temps, de 4" à 8" de diamètre. Chaque ligne représente un diamètre particulier. Pour des questions visuelles, l'intervalle de pression a été exagéré :

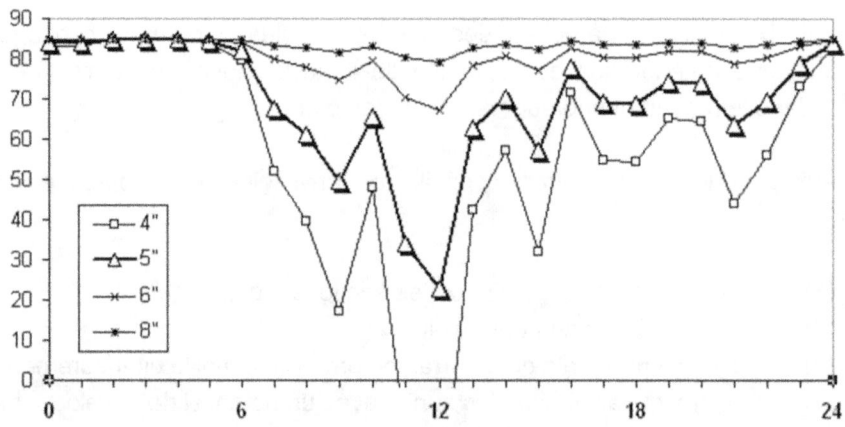

Le tuyau de 5", représenté par la courbe en gras (avec les triangles) sur le graphique, est le premier qui réussit à maintenir la pression désirée. Selon l'approche exposée ici, le tuyau à installer sera celui qui possède le diamètre commercial suivant disponible, de 6". Observez qu'à 12h00, le diamètre supérieur, de 8", n'apporte presque pas d'avantages. Le passage à un diamètre supérieur permet, dans la majorité des cas, d'agrandir le réseau sans avoir à installer de nouveaux tuyaux.

# Coûts et diamètre

### Tuyaux et capacité de transport

On pense fréquemment que les tuyaux plus grands transportent le l/s à un coût moindre. De la même manière que si l'on achète 300 stylos, le coût unitaire sera plus faible. Cependant, ce n'est pas le cas des tuyaux en plastique : le coût rapport à la capacité de transport installée ne varie pas avec le diamètre, il est constant.

Les deux graphiques ci-dessous illustrent cette constance pour les tuyaux en PVC (Uralita) et en PEHD (Chresky), avec un coût d'approximativement 1 €/mètre linéaire pour chaque l/s pour le PVC, et de 1.1 €/mètre linéaire pour le PEHD. La ligne horizontale rouge, en gras, près de l'axe représente le coût unitaire :

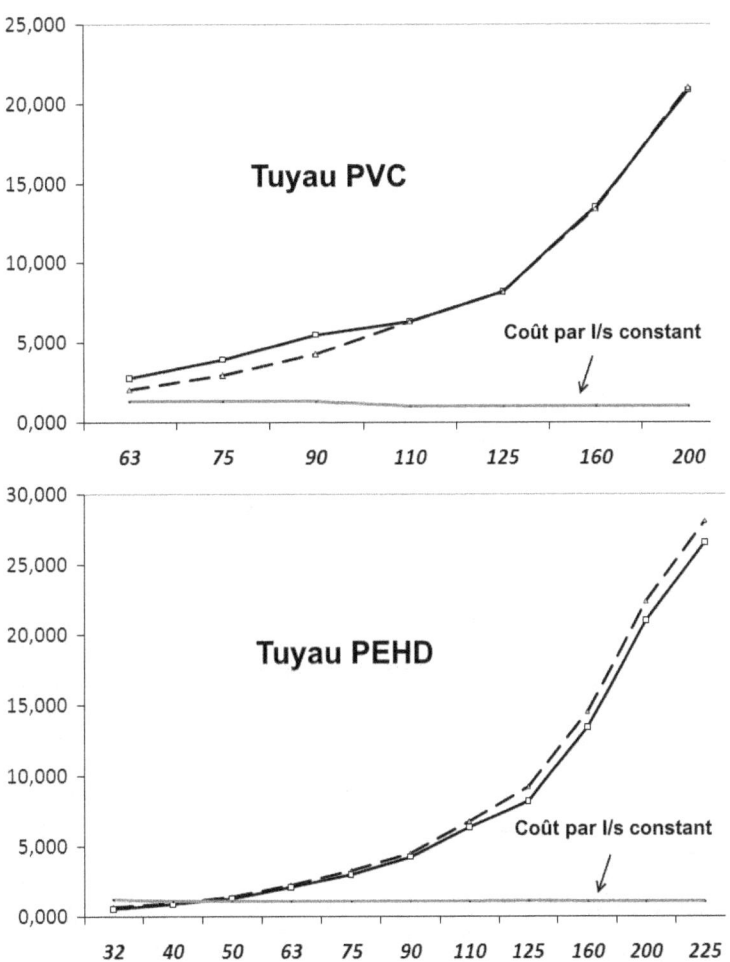

## Accessoires

Les prix des accessoires, notamment des vannes, qui augmentent de manière disproportionnée sont plus problématique. Si une vanne à glissière coûte 11 dollars pour un diamètre de 1", son prix s'élève à 1460 dollars pour un diamètre de 12". Vous pouvez observer l'évolution du prix en fonction du diamètre sur le graphique suivant :

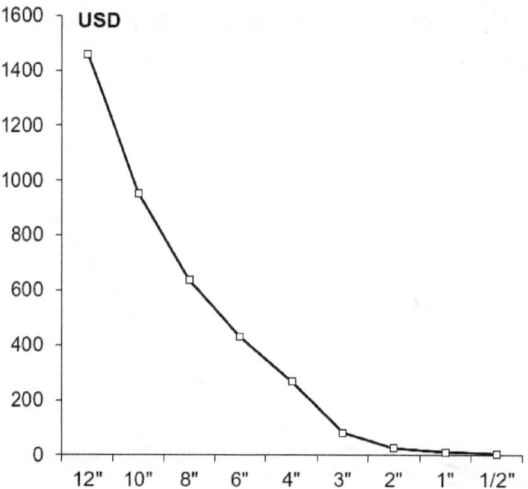

Plus le prix d'un accessoire est élevé, moins il est probable qu'il soit remplacé en cas de panne. Bien que ça ne semble pas avoir une grande importance au prime abord, surtout au vu de l'investissement total du projet, gardez à l'esprit que, dans certains contextes, 700 dollars équivaut à beaucoup de journées de travail. Dès lors, remplacer des accessoires de contrôles de diamètres importants peut supposer un effort conséquent à l'échelle d'une communauté.

En apparence, un réseau peut continuer à fonctionner et il est fréquent que la population ne se rende pas compte des conséquences. Bien que ça ne soit pas aussi évident que pour une pompe qui en cas de panne va causer des coupures d'eau ; les vannes à glissière se brisent généralement au niveau du mécanisme d'ouverture ou de fermeture, et restent ainsi à demi fermées ce qui diminue de manière importante la capacité de transport du tuyau concerné.

## Erreurs fréquentes aboutissant à des gaspillages

Cet ouvrage d'introduction touche à sa fin. Vous avez déjà probablement un modèle construit, travaillé et prêt à être délivré. Avant de vous précipiter, vérifiez que vous n'êtes pas tombé dans les écueils suivants :

## Etranglement des tuyaux clés

C'est le cas des réseaux avec les tuyaux de sortie des pompes ou des réservoirs trop petits. Pour résultat, la pression va diminuer de manière générale en tous points du réseau, ce qui souvent se « solutionne » en relevant les réservoirs ou en choisissant des pompes de plus grande puissance. Cela revient à appuyer sur l'accélérateur et le frein d'une voiture en même temps. Les frais de carburant vont augmenter exponentiellement. Pour y remédier, augmentez le diamètre des tuyaux et diminuez la hauteur des réservoirs et/ou la puissance des bombes.

## Le gigantisme

C'est un cas qui passe facilement inaperçu parce que le réseau fonctionne sans problème. Il s'agit de l'installation de tuyaux beaucoup trop grands par rapport à ce qui est réellement nécessaire, nuisant à la qualité, augmentant l'investissement initial et les frais de fonctionnement. La manière la plus simple de le détecter est d'observer la perte de charges unitaire. Si elle est inférieure à 1 m/km, vous suspecterez un cas de gigantisme même si ce n'est pas toujours le cas.

## Redondance

Il s'agit de l'installation de tuyaux qui n'apportent pas de capacité de transport supplémentaire dans des secteurs où la topographie ne les rend pas nécessaire. Nous avons déjà évalué le coût d'installation d'un tuyau parallèle à un autre déjà existant dont la capacité est insuffisante. Installer des tuyaux redondants revient au même

Installer des tuyaux parallèles presque sur le même tracé revient quasiment à réaliser l'un ou l'autre de ces schémas.

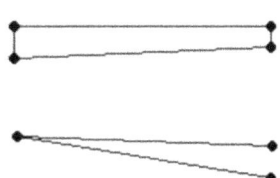

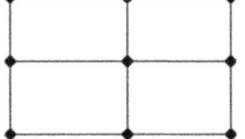

Nous avons tendance à dessiner les réseaux de cette manière, peut-être parce qu'ils sont ainsi représentés dans les livres.

Cette option n'est-elle pas équivalente à la précédente dans la majorité des cas ?

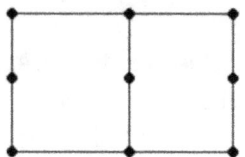

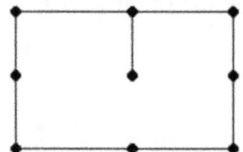

Ou bien celle-ci, si la distribution finale ne pose pas de problème, par exemple de qualité.

Une des meilleures façons d'éviter cet écueil est d'utiliser la squelettisation.

# Bibliographie

1. Arnalich, S. (2007). *EPANET y Cooperación. 44 Ejercicios progresivos comentados paso a paso.* Arnalich, Water and Habitat

   www.arnalich.com/es/libros.html

2. Arnalich, S. (2008). *Abastecimiento de Agua por Gravedad. Concepción, Diseño y Dimensionado para Proyectos de Cooperación.* Arnalich, Water and Habitat

   www.arnalich.com/es/libros.html

3. Cabrera E. y otros (2005).*Análisis, Diseño, Operación y Gestión de Redes de Agua con EPANET.* Editorial Instituto Tecnológico del Agua.

4. Expert Committee (1999). *Manual on Water Supply and Treatment.* Government of India.

5. Fuertes, V. S. y otros (2002). *Modelación y Diseño de Redes de Abastecimiento de Agua.* Servicio de Publicación de la Universidad Politécnica de Valencia.

6. Mays L. W. (1999). *Water Distribution Systems Handbook.* McGraw-Hill Press.

7. Santosh Kumar Garg (2003). *Water Supply Engineering.*14º ed. Khanna Publishers.

8. Rossman, L. (2000). *EPANET 2 User's Manual.* Environmental Protection Agency. Cincinnati, USA.

9. Walski, T. M. y otros (2003). *Advanced water distribution modeling and management.* Haestad Press, USA. Haestad methods.

10. Walski, T. M. y otros (2004). *Computer Applications in Hydraulic Engineering.* Haestad Press, USA. Haestad methods.

*Version 5.0*